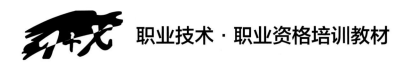

职业技术·职业资格培训教材

西式烹调师

（四级）

U0351731

主　编　赖声强

副主编　王　芳　顾伟强

　　　　侯越峰　潘熠林

编　委　（见大师榜）

主　审　全　权

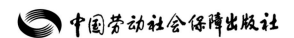

中国劳动社会保障出版社

图书在版编目（CIP）数据

西式烹调师：四级/人力资源和社会保障部教材办公室等组织编写．—北京：中国劳动社会保障出版社，2014

1+X职业技术·职业资格培训教材

ISBN 978 - 7 - 5167 - 0894 - 1

Ⅰ.①西…　Ⅱ.①人…　Ⅲ.①西式菜肴-烹饪-技术培训-教材　Ⅳ.①TS972.118

中国版本图书馆 CIP 数据核字（2014）第 234776 号

中国劳动社会保障出版社出版发行

（北京市惠新东街1号　邮政编码：100029）

*

北京京华虎彩印刷有限公司印刷装订　　新华书店经销

787 毫米×1092 毫米　16 开本　14 印张　235 千字

2014 年 10 月第 1 版　　2018 年 7 月第 4 次印刷

定价：58.00 元

读者服务部电话：(010) 64929211/64921644/84626437

营销部电话：(010) 64961894

出版社网址：http://www.class.com.cn

内 容 简 介

　　本教材由人力资源和社会保障部教材办公室、中国就业培训技术指导中心上海分中心、上海市职业技能鉴定中心依据上海 1+X 西式烹调师（四级）职业技能鉴定细目组织编写。教材从强化培养操作技能，掌握实用技术的角度出发，较好地体现了当前最新的实用知识与操作技术，对于提高从业人员基本素质，掌握西式烹调师核心知识与技能有直接的帮助和指导作用。

　　本教材在编写中根据本职业的工作特点，以能力培养为根本出发点，采用模块化的编写方式。全书共分为 4 篇 13 个模块，基础篇内容包括西餐种类、西餐的用餐特点与传统、厨政管理、西餐营养知识；食材篇内容包括水产类原料，奶制品、谷类及蛋品，腌腊制品；实务篇内容包括烹调原料的初加工与品质鉴别、西餐创新技巧；综合篇内容包括原料加工、冷菜制作、汤菜制作、热菜制作。全书后附有理论知识考试模拟试卷及答案、操作技能考核模拟试卷。

　　本教材可作为西式烹调师（四级）职业技能培训与鉴定考核教材，也可供全国中、高等职业技术院校相关专业师生参考使用，以及本职业从业人员培训使用。

前　言

职业培训制度的积极推进，尤其是职业资格证书制度的推行，为广大劳动者系统地学习相关职业的知识和技能，提高就业能力、工作能力和职业转换能力提供了可能，同时也为企业选择适应生产需要的合格劳动者提供了依据。

随着我国科学技术的飞速发展和产业结构的不断调整，各种新兴职业应运而生，传统职业中也愈来愈多、愈来愈快地融进了各种新知识、新技术和新工艺。因此，加快培养合格的、适应现代化建设要求的高技能人才就显得尤为迫切。近年来，上海市在加快高技能人才建设方面进行了有益的探索，积累了丰富而宝贵的经验。为优化人力资源结构，加快高技能人才队伍建设，上海市人力资源和社会保障局在提升职业标准、完善技能鉴定方面做了积极的探索和尝试，推出了 1 + X 培训与鉴定模式。1 + X 中的 1 代表国家职业标准，X 是为适应经济发展的需要，对职业的部分知识和技能要求进行的扩充和更新。随着经济发展和技术进步，X 将不断被赋予新的内涵，不断得到深化和提升。

上海市 1 + X 培训与鉴定模式，得到了国家人力资源和社会保障部的支持和肯定。为配合上海市开展的 1 + X 培训与鉴定的需要，人力资源和社会保障部教材办公室、中国就业培训技术指导中心上海分中心、上海市职业技能鉴定中心联合组织有关方面的专家、技术人员共同编写了职业技术·职业资格培训系列教材。

职业技术·职业资格培训教材严格按照 1 + X 鉴定考核细目进行编写，教材内容充分反映了当前从事职业活动所需要的核心知识与技能，较好地体现了适用性、先进性与前瞻性。聘请编写 1 + X 鉴定考核细目的专家，以及相关行业的专家参与教材的编审工作，保证了教材内容的科学性及与鉴定考核细目以及题库的紧密衔接。

职业技术·职业资格培训教材突出了适应职业技能培训的特色，使读者通过学习与培训，不仅有助于通过鉴定考核，而且能够有针对性地进行系统学习，真正掌握本职业的核心技术与操作技能，从而实现从懂得了什么到会做什么的飞跃。

职业技术·职业资格培训教材立足于国家职业标准，也可为全国其他省市开展新职业、新技术职业培训和鉴定考核，以及高技能人才培养提供借鉴或参考。

新教材的编写是一项探索性工作，由于时间紧迫，不足之处在所难免，欢迎各使用单位及个人对教材提出宝贵意见和建议，以便教材修订时补充更正。

人力资源和社会保障部教材办公室
中国就业培训技术指导中心上海分中心
上海市职业技能鉴定中心

序

　　新兴国家旺盛的食品需求可以改变世界食品产业与烹调产业的面貌。而这些国家中尤其引人注目的是中国，因为随着中国经济的发展，中国人的饮食样态正在发生巨大的变化。

　　如果说改革开放最初的 30 年是中国传统食品以风味独特、价格低廉的优势星布絮落于世界广大地区的黄金时期，那么而后开始的则是浪潮汹涌的"西餐入华"回应，洋食品、洋食店、洋饮食文化以前所未有的力量冲击中国人的口与胃，冲击中国人的眼睛与心理，也深深冲击中国的饮食文化和整体中国文化。如果以更广阔的视角来看，20 世纪中叶以来的科技革命不断推动世界各国的生产日益国际化，当代世界的所有国家都不同程度地被纳入了经济全球化的历史进程。尤其是近 20 多年来，经济全球化进程的加速度发展，资源控制、市场控制、经营竞争日趋全球性。这表明世界各国之间经济关系走向互相渗透、广泛合作的时代已经到来，中国作为全球最活跃的经济体当然应该有符合大趋势的表现，也当然应该在饮食文化和烹饪教学上有所呈现。

　　经济全球化带来了不同政治理念、文化思潮的碰撞和融合。20 世纪 70 年代末中国开始的"改革开放"，正是无可阻挡的世界经济全球化历史大潮在封闭、保守的中国大地上冲荡出的河道。其中，西式餐饮业的改良复兴、持续繁荣和市场充分自由化正是世界经济全球化与中国当代国情冲击与因应的结果。

　　国家人力资源和社会保障部认定的 1+X 培训鉴定模式中的 1 代表国家职业标准，X 是为适应经济发展的需要，对职业标准进行的提升，包括了对职业的部分知识和技能要求进行的扩充和更新。可见，国家人力资源和社会保障部清楚地认识到 1+X 西式烹调师的培训必须顺应世界经济全球化与中国国情这两种浪潮的历史潮流，而由赖声强主编的这本《西式烹调师（四级）》教材恰如其分地让中国人总结出的西式烹饪传统接受了现代科学技术和时代文明的双重检验。它让接受培训的学员们在学习中体会，烹饪不管是中国的还是外国的，都要无可回避地经历变革观念、吐故纳新、因应改造、与时俱进。

《西式烹调师（四级）》教材中尤其令人赞赏的是有关厨政、营养、创新的内容。其实，饮食文化是个很大的范畴，它涵盖的是一个族群、社会或民族食生产、食生活、食行为事象、食习惯礼俗、食制度规范、食思想心理等全部食事的总和。烹调师要学会的不仅仅是食料加工、肴馔制作，还要掌控原料与加工品进入厨房以后和成品走出厨房之前的所有活动与结果。相信《西式烹调师（四级）》教材今后将在我国餐饮国际化发展潮流中发挥重要作用，率先开启培养国际化烹饪本国人才的探索之路。

中华职业学校副校长　薛计勇

目 录

基础篇   001

模块一　西餐种类   002

模块二　西餐的用餐特点与传统   014

模块三　厨政管理   024

模块四　西餐营养知识   043

食材篇   063

模块一　水产类原料   064

模块二　奶制品、谷类及蛋品   071

模块三　腌腊制品   079

实务篇   085

模块一　烹调原料的初加工与品质鉴别   086

模块二　西餐创新技巧   096

综合篇   111

模块一　原料加工   112

模块二　冷菜制作   123

模块三　汤菜制作   135

模块四　热菜制作   143

模拟试卷   171

理论知识考试模拟试卷   172

理论知识考试模拟试卷答案   185

操作技能考核模拟试卷   187

参考文献   209

大师榜   210

基础篇
CHAPTER 1

模块一

西餐种类

学习目标

1. 了解西方饮食文化。
2. 了解西餐的种类。
3. 了解西餐的菜式特点及区别。

一、法国菜

1. 饮食习俗

饮食在法国人的生活中占有非常重要的地位，他们将用餐看作是休闲和享受，所以法国菜及烹调技术不但是艺术和艺术品，而且在法国的商业经济中有着举足轻重的作用。

法国的正餐或宴请较为讲究，完成整个进餐过程通常需要 2 ～ 3h，其中包括了 6 道或更多的菜肴，通常为开胃菜、色拉、由海鲜或畜肉制成的主菜、奶酪、甜点、水果。酒水包括果汁、咖啡、开胃酒、餐酒、餐后酒等。法国人普通的一日三餐习惯各有不同，见表 1-1-1。

表 1-1-1 法国人的一日三餐

早餐	7-8 点	喜欢大陆式早餐，包括面包、黄油、果酱及各类冷热饮料
午餐	12-14 点	包括面包、汤、肉类菜肴、蔬菜、麦片粥、水果等
晚餐（正餐）	21 点以后	较讲究，包括开胃菜、海鲜、带有蔬菜和调味汁的肉类菜肴、色拉、甜点、面包和黄油、不带牛奶的咖啡等

2. 特点

（1）选料考究、广泛。法国菜的突出特点是选料广泛。法国菜常选用稀有的名贵原料，如蜗牛（见图 1-1-1）、牛蛙、鹅肝、黑蘑菇等。用蜗牛和蛙腿做成的菜，是法国菜中的名品，许多外国客人为了一饱口福而前往法国。此外，法国菜还喜欢用各种野味，如鸽子、鹌鹑、斑鸠、鹿、野兔等。由于选料广泛，品种就能按季节及时更换，因而使就餐者对菜肴始终保持着新鲜感。这是法国菜诱人的因素之一。

图 1-1-1　焗蜗牛

法国人对于食物绝不只是停留于填饱肚子的阶段而已，他们更追求一种享受生活的态度。因此，享用一顿正式的法国餐要花上 4 ~ 5h 是常有的事。从开胃菜、海鲜、肉类、乳酪到甜点，虽然程序繁复，但重要的并不是吃进多少食物，而是在品尝佳肴过程中充分享受餐厅的高级氛围，欣赏餐具器皿与食物的搭配。

（2）极其注重汤汁。法国菜中的调味汁（sauce）可以说是整个菜肴的灵魂。调味汁通常由专门的厨师制作，不同种类的菜肴搭配的调味汁也不同。一些特殊调味汁的汤底更是要经过长达 12h 的熬制才能完成。比如说肉类调味汁的汤底（brown stock）就是混合了几十种原料及香料，经过三种以上的烹调方法调制出来的。由此可见法国人对调味汁的追求可谓达到了极限。

（3）注重原料食用时的成熟程度。法国人对不同食物成熟度的要求很高，一般在食用牛排时要求牛排三成熟或四成熟；食用烤牛肉或烤羊腿时要求七至八成熟；而一些海鲜，如牡蛎、三文鱼、真鲷鱼等，法国人比较喜欢生食。

（4）善于用酒。众所周知，法国地理位置及气候条件非常适合酿造高品质的葡萄酒、白兰地、香槟等。他们不但在餐饮的酒类搭配上非常讲究，而且还擅长把各种酒运用到烹调菜肴中。如制作甜菜和点心时常用朗姆酒，海鲜用白兰地和白葡萄酒，而牛排用红葡萄酒。酒内所蕴含的芳香类物质在菜肴制作过程中会充分融入到食材中，以达到增加风味的目的。

（5）善用奶酪。法国的畜牧业非常发达，所以奶酪的质量非常高。在现代法式菜肴中，奶酪占的比例相当大。许多菜肴都会加入奶酪来增强口感，同时奶酪也能直接食用。

3. 法国菜系

法国菜根据其特点可分为皇宫菜、贵族菜、地方风味菜、新派菜等，见表 1-1-2。

表 1-1-2 法国菜系

菜系	起源	特点
法国皇宫菜	法国国王宴会	采用豪特烹调法，也称为皇宫烹调法或豪华烹调法，受著名厨师安托尼·卡露米、奥古斯特·埃斯考菲尔影响。具有制作精细、味道丰富、造型美观、菜肴道数多的特点
法国贵族菜	法国贵族家庭	采用综合烹调法，技术较为复杂。具有油重、沙司重、含有奶油的特点
法国地方风味菜	法国各地农民家庭	使用地方特色原材料，具有地方特色。一般北方地区多使用黄油烹调，而南方地区则使用橄榄油烹调较多
法国新派菜	起源于 20 世纪 50 年代，流行于 20 世纪 70 年代	结合了亚洲的烹调特点，讲究菜肴原料的新鲜度和质地，烹调时间短，沙司和冷菜调味汁清淡，份额小，讲究装饰和造型，对世界餐饮具有深远的影响

现代法国菜中为大家所熟知的是法国洋葱汤、巴黎扒小牛柳、鹅肝酱等，但在法国不同的地区都有不同的著名的菜肴，见表 1-1-3。

表 1-1-3 法国各地菜特色表

法国地区	著名菜肴
热尔省及阿尔萨斯地区	鹅肝酱、罗勒蔬菜汤、凤尾鱼洋葱塔林、炖什锦素菜
普罗旺斯地区	凤尾鱼、蔬菜三明治、浓味鱼汤

（续表）

法国地区	著名菜肴
莫尔塔尼地区	白汁水波比目鱼、黄油脆饼、巧克力慕司、派夫
勃艮第地区	烩牛肉红酒沙司、焗蜗牛带黄油和香菜末
布雷斯地区	红酒焖鸡块、烩小牛肉奶油沙司
阿尔卑斯山脉地区	瑞士奶酪土豆泥

二、意大利菜

1. 饮食习俗

意大利人比较喜欢食用各类开胃菜、青豆蓉汤、奶酪披萨、烩罗马意大利面、焗肉酱玉米面布丁、米兰牛排等。一般意大利人早餐较为清淡，以浓咖啡为主。午餐以意大利面条、汤、奶酪、冷肉、色拉及酒水为主。晚餐比较丰富，包括了开胃酒、清汤或意大利烩饭（面条）、主菜、蔬菜、色拉、甜点等。

2. 特点

（1）注重原汁原味。意大利菜肴注重保持原料的本味、本色，在烹调过程中常会将原料加工过程中的汁水保留下来，用于烹制沙司，起到增香、增味的作用。意大利菜肴的烹制过程通常较为简单，常用煎、烤等方式。

（2）传统与时尚并存。意大利菜的历史悠久，传统菜肴以红烩、红焖较多。在意大利，厨师常喜欢在节日里烹制拿手的传统菜点。随着世界交流机会的增多，意大利的厨师不再拘泥于传统，逐渐将流行的时尚元素融入到菜肴中，使菜肴既保留了传统，又别具风味。

（3）米面做菜，花样繁多。意大利人善于米、面的烹制，其中意大利面条以上百种的品种举世闻名，而此产生的意大利面条菜肴更是举不胜举，如图 1-1-2 所示。不同的意大利面条由于烹调时产生的作用不同，故适用的菜肴也是不同的，但常用的烹调方法就只有焗、煮、焖、炒四种。

图 1-1-2　意大利面条

（4）奶酪在菜肴中使用广泛。在意大利，奶酪可作为搭配红酒的小菜，也可以入菜，加入奶酪的菜肴能提升菜肴的香味，使菜肴口感变得丰满，还能增加菜肴的营养价值。

3. 意大利菜系

意大利由北向南，因为气候、地理环境的不同，生长着不同的烹调原料，这给各地带来了不同的地方菜和烹调特色，见表 1-1-4。

表 1-1-4 意大利菜系

地区		特色菜肴
北部地区	威尼斯	烩米饭大豆、莱蒂希欧生菜色拉、菠菜盒子、马斯卡波尼奶酪汤
	米兰	熏火腿、意大利油酥饼、泡菜
	伦巴第	藏红花米饭、炖辣椒
	皮埃蒙特	奶酪蔬菜烩米饭
东部地区	提利埃斯特	辣炖牛肉、香肠、海鲜菜肴
	维内托	鲜豆大米奶酪浓汤、海鲜意面
中部地区	托斯卡纳	佛罗伦萨牛排、烩菜豆意大利面、葡萄酒烧野兔
	翁布利亚	烤乳猪
	乌尔比诺	烤瓤馅整猪、烤宽面条配番茄沙司、什锦鱼汤
南部地区	西西里岛	西西里冷冻蛋糕、瓤馅脆酥饼
	阿布鲁佐	斯卡佩切炸鱼、阿布鲁佐烩海鲜

三、俄罗斯菜

1. 饮食习俗

由于俄罗斯的地理位置和气候寒冷，所以俄罗斯菜含油量比较高、味道较浓。俄式早餐包括鸡蛋、香肠、冷肉、奶酪、吐司片、麦片粥、黄油、咖啡、茶等。午餐是一天的正餐，包括开胃菜、汤、主菜、甜点，正餐的开胃菜涵盖了俄罗斯菜的特色，如黑鱼子酱、酸黄瓜、熏鱼及各式蔬菜色拉。晚餐相对比较简单，只包括开胃菜和主菜。

俄罗斯人擅长制作各类面点和小吃，其中面包的品种很多，如图 1-1-3 所示。面包按原料分，可分为白面包、黑面包、黑麦精粉面包和玉米粉面包。白面包的消费量很大。黑面包的主要原料是黑麦粉，它含有丰富的维生素，营养价值很高。黑面包有一股麦香，入口时略带酸味，咀嚼一会儿后又有一股甜味。面包按形状分，可分为大圆面包，直径可达 40cm，面包上有花纹；面包圈；挂锁形面包；小圆面包，大小类似中国的馒头，可把它切开，中间夹肉、乳酪做成三明治；面包干；8 字形小甜面包；长方形面包；椭圆形面包等。

图 1-1-3 俄罗斯面包

2. 特点

（1）口味偏重。俄式菜肴受法国菜的影响较大，又融合了许多本民族的特色，所以各种口味的菜式丰富多样，甜、酸、咸、辣皆有。常用的开胃菜有奶渣、奶皮、酸奶油、酸马奶、酸黄瓜等。酸黄瓜和酸白菜几乎是饭店或家庭餐桌上的必备食品。

俄罗斯人做菜很讲究调料。他们认为调料不仅能调味，还能增加菜的营养价值。他们常用的调料有葱、姜、蒜、胡椒和芥末，此外经常在菜中放月桂叶、丁香、茴香籽，以及用橄榄油、鸡蛋黄和香料搅拌成的色拉油。

（2）菜肴油腻。俄罗斯大部分地区较为寒冷，人们不得不摄取更多的油脂来保持身体热量，所以有许多菜肴在制作完成后还要淋上少许黄油，特别是传统的汤菜类。随着社会的进步，人们的生活方式也发生了变化，现代的俄罗斯菜逐渐变得清淡了。

（3）烹调方法简单。俄罗斯菜的烹调技术相对比较简单，一般以炒、炖、烤、熏为主，其中烤和熏是特色，尤其擅长肉类的烤制和烟熏。每逢重大节日，肉类菜肴必不可少。

（4）喜欢冷食。俄罗斯的各种冷菜世界闻名,如杂拌凉菜、什锦冷盘、禽冷盘、鱼冷盘、鸡蛋冷盘、鱼泥、肉泥、鱼冻、肉冻、鱼子酱、青菜酱、酸黄瓜汤、冷苹果汤等。俄罗斯人一次家庭宴会往往会上近 10 个冷菜,而且晚餐通常没有汤,冷菜后就是主菜,可见俄罗斯人对冷菜的重视程度。

俄式冷菜在烹调上要比一般的热菜口味重一些,并富有刺激性,以便于促进食欲。俄式冷菜在调味上突出俄式菜的特点,油大,味道浓醇,酸、甜、辣、咸、烟熏各味俱全。俄罗斯人特别喜欢鲑鱼、鲱鱼、鲟鱼、鳟鱼、红鱼子、黑鱼子、烟熏过的咸鱼、鲳鱼等。

（5）讲究汤品。俄罗斯的汤类是除冷菜外的第一道菜,能起到润喉和促进食欲的作用。一般在汤后再吃其他菜。一般俄式汤可分为清汤、菜汤和红菜汤、米面汤、鱼汤、蘑菇汤、奶汤、冷汤、水果汤等。俄式菜中的汤品要求质量大体一致,原汤、原色、原味。

图 1-1-4　罗宋汤

3. 俄罗斯菜系

俄式名菜很多,有黄油鸡卷、罗宋汤（见图1-1-4）、俄式冷盘、莫斯科蔬菜色拉、乌克兰羊肉饭、哈萨克手抓羊肉等。每个不同的地区菜肴也各有特色,见表 1-1-5。

表 1-1-5 俄罗斯菜系

地区	特色菜肴
白俄罗斯	土豆粥、土豆色拉
高加索	烧烤菜肴、肉饼
乌克兰	乌克兰色拉、烩奶酪酸奶油面条、烩土豆鲜蘑、酸菜土豆炖猪肉
乌兹别克	牛肉末蔬菜大米粥、乡下浓汤、乌兹别克扒羊肉、油炸甜饺
西伯利亚	鸡蛋蔬菜色拉、牛奶烩鲜蘑

四、英国菜

1. 饮食习俗

英国人习惯一天四餐，除早、中、晚三餐外，增加了下午 4 点至 6 点的下午茶。英国人通常将晚餐作为正餐，但周日的正餐安排在中午。英国人的早餐负有盛名，一般有咸肉、烩水果、麦片粥、煎鸡蛋、果酱、面包、黄油、牛奶、咖啡等。

英国人喜欢喝茶，平均每人每年消费茶叶大约在 3000g。英国人把喝茶作为一种享受，也作为一种社交（英式下午茶见图 1-1-5）。在英国有许多重要的社交场合都会用下午茶来代替宴会，气氛既隆重又轻松。

2. 特点

（1）口味清淡，原汁原味。简单而有效地使用优质原料，并尽可能保持其原有的质地和风味是英国菜的重要特色。英国菜的烹调对原料的取舍不多，一般用单一的原料制作，要求厨师不加配料，保持菜品的原汁原味。

英国菜有"家庭美肴"之称，其烹调法源于家常菜肴，因此原料也是家生、家养、家制的，这才体现英国菜的本色。

（2）烹调简单。英国菜的烹调相对来说比较简单，配菜也十分普通，另外香料与酒也使用得较少。常用的烹调方法有煮、烩、烤、煎、蒸等。

（3）讲究甜食。英国菜的甜食非常讲究，餐后及下午茶都会食用一些甜食，特别是各种布丁和派，品种繁多。

图 1-1-5　英式下午茶

3. 英国菜系

常见的英式菜有英式土豆大葱汤、土豆烩羊肉、牛尾汤、烤羊马鞍、烧鹅等。英国不同地区的菜肴也会各有特色，见表 1-1-6。

表 1-1-6 英国菜系

地区	特色菜肴
英格兰	各式香肠、黑布丁香肠、猪肉馅饼、萨利甜饼
苏格兰	羊杂碎汤、炖牛肉末土豆、羊肉蔬菜汤
威尔士	巴拉水果面包、奶酪面包卷、羊肉土豆汤、威尔士奶酪酱
北爱尔兰	苏打面包、马铃薯面包、爱尔兰土豆泥、爱尔兰炖羊肉、培根土豆、都柏林式炖咸肉土豆

五、美国菜

1. 饮食习俗

美国是个多民族的国家，其餐饮也具有多种风味，菜肴工艺变化、创新的速度非常快。受当地美洲人影响，美国菜广泛使用玉米、南瓜等原料。非洲移民给美国菜增加了多种烹调方法。

现代的美国人早点讲究营养和效率，通常有冷牛奶、米面锅巴、水果等。午餐美国人常吃三明治、汤、色拉。美国人晚餐相对比较讲究，一般包括冷开胃菜或色拉、汤、主菜、甜点、面包、黄油、咖啡等。

图 1-1-6　烤火鸡

2. 特点

（1）喜欢用水果做菜。美国盛产水果，所以用水果做菜比较普遍，水果用量较大，除了色拉中放入水果，在热菜中也加入水果，所以美国菜在口味上具有咸中带甜的特点。

（2）注重营养。美国人在饮食上注重营养。针对不同的人群搭配不同的配餐，在饮食上流行低脂肪、低胆固醇的菜肴，甚至出现部分的"素食主义者"。

（3）开创了火鸡菜肴。火鸡是北美南部的野生动物，而美国人首先将它作为了感恩节、圣诞节等重大节日的必备菜肴（见图 1-1-6），进而影响了整个西方国家。

3．美国菜系

美国菜以欧洲菜为基础，但移民两百多年，已发展出自己的枝叶。美国菜的派系受到移民聚集、地理位置、历史等因素影响，表现出各自的特点，见表 1-1-7。

表 1-1-7 美国菜系

地区	特色菜肴
加州地区	青菜色拉、扒鱼排
中西部地区	炖牛肉、各式香肠、甜煎饼
东北部地区	烩鸡肉蔬菜、什锦炖肉、波士顿烤菜豆、印第安布丁、波士顿面包、缅因州水煮龙虾、炸香蕉
南部地区	炸鸡、查尔斯顿蟹肉汤、核桃排、鲜桃考布勒、香蕉布丁、甜土豆排
西南部地区	沙尔萨沙司、烤玉米片带奶酪酱、瓢馅玉米饼卷、瓢馅面饼
新奥尔良地区	秋葵浓汤、什锦米饭

六、德国菜

1. 饮食习俗

德国菜以传统的巴伐利亚菜而享誉世界，巴伐利亚菜属德国南部的菜系，受邻国瑞士、奥地利菜肴影响比较大。现代德国菜除传统的烹调特色，还融入了法国、意大利、土耳其等国的优秀烹调技术。

德国人习惯一日三餐，一般早餐、晚餐比较清淡，午餐相对较丰富。早餐常包括面包、黄油、咖啡、煮鸡蛋、蜂蜜、麦片粥等，午餐则包括肉类菜肴、马铃薯、汤、三明治及砂锅菜。

2. 特色

（1）肉类制品丰富。德国菜在肉类的应用上有其独特的方法，单是火腿、熏肉、香肠等制作方法就有不下数百种，特别是巴伐利亚所产的肉类制品在数量及质量上均堪称第一。其种类式样有咸的、烟熏的、酿馅的等不胜枚举，甚至还有加上芥末子，用猪血做成的肉肠。这些肉类制品大都冷食，但也有少量香肠或熏肉以热食为主，食用时通常伴食酸菜、烤洋芋及芥末酱。德国菜中也有许多脍炙人口的美食，如酸牛肉（sour beef），做法是将牛肉用醋和香料先腌泡数日，取出后加以焖或炖，而在食用时切片。还有烩牛肉卷；生的鞑靼牛排（tartar steak）（见图 1-1-7）。

图 1-1-7 鞑靼牛排

（2）喜欢生鲜菜肴。德国人有吃生牛肉的习惯，比如著名菜肴"鞑靼牛排"就是用生牛肉和生鸡蛋为基础，配上别的原料与调味料制作而成的。

（3）口味以酸、咸为主。德国菜在烹调上常使用煮、炖、烩的方式，在口味上受俄式菜影响大，以酸、咸口味为主。德国人比较喜欢用猪肉、牛肉、内脏类、鱼类、家禽、蔬菜等烹制菜肴，调味品方面使用大量芥末、白葡萄酒、牛油等。

（4）用啤酒做菜。德国的啤酒种类很多，从高度的到低度的，从清淡的到口感强烈的。德国啤酒产量很大，每年约产 20 亿加仑。每年的九、十月，慕尼黑市都会举办盛大的啤酒嘉年华，吸引数百万世界各地的旅游者。所以把啤酒融入到菜肴中，也是德国菜肴的经典所在。

3. 德国菜系

德国菜以传统的巴伐利亚菜享誉世界。现代德国菜除传统的烹调特色外，还整合了法国、意大利、土耳其等国家的烹调技术，根据德国各地的食品原料特色、饮食习惯，形成了不同的地方菜系（见表 1-1-8）。

表 1-1-8 德国菜系

地区	特色菜肴
南部地区	巴伐利亚奶油羹、白肠、脆皮猪肘、黑森林火腿
东部地区	小牛肉香肠、醋焖牛肉、柏林冷盘、腌鲱鱼、扁豆汤
西部地区	法兰克福香肠、盐焗土豆

（续表）

地区	特色菜肴
北部地区	咸猪手、炸河鳟

思考题

1. 法国菜有什么特点？请列举三道特色法国菜。

2. 意大利菜有什么特点？请列举三道特色意大利菜。

3. 英国菜有什么特点？请列举三道特色英国菜。

4. 俄罗斯菜有什么特点？请列举三道特色俄罗斯菜。

5. 美国菜有什么特点？请列举三道特色美国菜。

模块二

西餐的用餐特点与传统

学习目标

1. 了解西餐的用餐礼仪。
2. 熟悉西餐的传统经典名菜。

一、传统西餐的用餐习俗

通常所说的"西方"习惯上是指欧洲国家和地区，以及由这些国家和地区为主要移民的北美洲、南美洲、大洋洲等广大区域。不过，就西方各国而言，由于欧洲各国的地理位置都比较近，在历史上又曾出现过多次民族大迁移，其饮食文化早已相互渗透融合，彼此有很多共同之处。再者，西方各国的宗教信仰主要是天主教、东正教和新教（只有很少一部分人信仰伊斯兰教），它们都是基督教的主要分支，因此在饮食禁忌和用餐习俗上也大体相同。至于南、北美洲和大洋洲，其文化也是和欧洲文化一脉相承的。

1. 西餐之首——法式大餐

法国人一向以善于吃并精于吃而闻名，法式大餐至今仍名列世界西餐之首。

法式菜肴的风味特点是：选料广泛（如蜗牛、鹅肝都是法式菜肴中的美味），加工精细，烹调考究，滋味有浓有淡，花色品种多；法式菜还比较讲究吃半熟或生食，如牛排、羊腿以半熟鲜嫩为特点，海味的蚝也可生吃，烧野鸭一般六成熟即可食用等；法式菜肴重视调味，调味品种类多样，用酒来调味时，什么样的菜选用什么酒都有严格的规定，如清汤用葡萄酒，海味品用白兰地酒，甜品用各式甜酒或白兰地等；法国菜中奶酪品种多样，法国人十分喜爱吃奶酪、水果和各种新鲜蔬菜。

传统法式菜肴的名菜有：马赛鱼羹、鹅肝排、巴黎龙虾、红酒山鸡、沙福罗鸡、鸡肝牛排等。

2. 简洁与礼仪并重——英式西餐

英国的烹调饮食有家庭美肴之称。英式菜肴的特点是：油少、清淡，调味时较少用酒，调味品大都放在餐台上由客人自己选用；烹调讲究鲜嫩，口味清淡，选料注重海鲜及各式蔬菜，菜量要求少而精。英式菜肴的烹调方法多以蒸、煮、烧、熏见长。

传统英式菜肴的名菜有：鸡丁色拉、烤大虾苏夫力、薯烩羊肉、烤羊马鞍、冬至布丁、明治排等。

3. 西餐始祖——意式大餐

在罗马帝国时代，意大利曾是欧洲的政治、经济、文化中心，虽然后来意大利落后了，但就西餐烹调来讲，意大利却是始祖，可以与法国、英国媲美。意式菜肴的特点是：原汁原味，以味浓著称；烹调注重炸、熏等，以炒、煎、炸、烩等方法见长。

意大利人喜爱面食，做法和吃法甚多。其制作面条有独到之处，各种形状、颜色、味道的面条至少有几十种，如字母形、贝壳形、实心面条、通心面条等。意大利人还喜食意式馄饨、意式饺子等。

传统意式菜肴的名菜有：通心粉蔬菜汤、焗馄饨、奶酪焗通心粉、肉末通心粉、披萨饼等。

4. 营养快捷——美式菜肴

美国菜是在英国菜的基础上发展起来的，继承了英式菜简单、清淡的特点，口味咸中带甜。美国人一般对辣味不感兴趣，喜欢铁扒类的菜肴，常用水果作为配料与菜肴一起烹制，如菠萝焗火腿、苹果烤鸭，喜欢吃各种新鲜蔬菜和各式水果。美国人对饮食要求并不高，只要营养、快捷。

传统美式菜肴的名菜有：烤火鸡、橘子烧野鸭、美式牛扒、苹果色拉、糖酱煎饼等。

5. 西餐经典——俄式大餐

沙皇俄罗斯时代的上层人士非常崇拜法国，贵族不仅以讲法语为荣，而且饮食和烹调技术也主要学习法国。但经过多年的演变，特别是俄罗斯地带要求食物热量高，逐渐形成了自己的烹调特色。俄罗斯人喜食热食，爱吃鱼肉、肉末、鸡蛋、蔬菜制成的小包子、肉饼等，各式小吃颇有盛名。

俄式菜肴口味较重，喜欢用油，制作方法较为简单。俄式菜口味以酸、甜、辣、咸为主，酸黄瓜、酸白菜往往是饭店或家庭餐桌上的必备食品。俄式菜烹调方法以烤、熏腌为特色。俄式菜肴在西餐中影响较大，一些地处寒带的北欧国家和中欧国家人们日常生活习惯与俄罗斯人相似，大多喜欢腌制的各种鱼肉、熏肉、香肠、火腿、酸菜、酸黄瓜等。

传统俄式菜肴的名菜有：什锦冷盘、鱼子酱、酸黄瓜汤、冷苹果汤、鱼肉包子、黄油鸡卷等。

6. 啤酒、自助——德式菜肴

德国人对饮食并不讲究，喜欢吃水果、奶酪、香肠、酸菜、土豆等，不求浮华、只求实惠营养，首先发明自助快餐。德国人喜欢喝啤酒，每年的慕尼黑啤酒节大约要消耗掉 100 万升啤酒。

二、传统西餐饮食礼仪

1. 西餐就餐的"5M"

如何品味西餐文化？研究西餐的学者们经过长期的探讨和总结认为：吃西餐应讲究"5M"。

（1）菜谱（menu）。当客人走进咖啡馆或西餐馆时，服务员会先领客人入座，待客人坐好后，首先送上来的便是菜谱。菜谱被视为餐馆的门面，通常采用最好的材料做菜谱的封面，有的甚至用软羊皮打上各种美丽的花纹，显得格外典雅精致。

如何点好菜？这里介绍一点经验之谈，那就是打开菜谱后，看哪道菜是以店名命名的，这道菜可千万不要错过。因为餐馆是不会拿自己店的名誉来开玩笑的，所以他们下工夫做出的"招牌菜"肯定好吃。

不要以吃中餐的习惯来对待西餐的点菜问题，即不要对菜谱置之不理、不要让服务员来点菜。在法国，就是戴高乐、德斯坦总统吃西餐也得看菜谱点菜的。因为看菜谱、点菜已成了吃西餐的一个必不可少的程序，是一种优雅生活方式的表现。

（2）音乐（music）。豪华高级的西餐厅，通常会有乐队演奏一些柔和的乐曲，如图1-2-1 所示。一般的西餐厅通常也会用音响设备来播放一些美妙典雅的乐曲。但西餐厅讲究的是乐声的"可闻度"，即声音达到"似听到又听不到的程度"，就是说，在集中精力和亲友谈话时就听不到，在休息放松时就听得到。

（3）气氛 (mood)。吃西餐讲究环境雅致，气氛和谐，一定要有音乐相伴，桌台整洁干净，所有餐具一定要洁净。如遇晚餐，要灯光暗淡，桌上要有红色蜡烛，营造一种浪漫、迷人、淡雅的气氛。

图 1-2-1　西餐厅的乐队

（4）会面 (meeting)。和谁一起吃西餐，是要有选择的。吃西餐的伙伴最好是亲朋好友或趣味相投的人。吃西餐主要是为联络感情，最好不要在西餐桌上谈生意。所以西餐厅内，氛围一般都很温馨，少有面红耳赤的场面出现。

（5）礼俗 (manner)。这一点指的是"吃相"和"吃态"。既然是吃西餐，就应遵循西方的习俗，避免有唐突之举，特别是手拿刀叉时，若手舞足蹈，就更显得"失态"。

刀叉的拿法一定要正确：应右手持刀，左手拿叉。用刀将食物切成小块，然后用叉送入口内。一般来讲，欧洲人使用刀叉时不换手，一直用左手持叉将食物送入口内。美国人则是切好后，把刀放下，右手持叉将食物送入口中。但无论何时，刀是绝不能送物入口的。西餐宴会时，主人都会安排男女相邻而坐。讲究"女士优先"的西方绅士，都会适时表现出对女士的殷勤。

2. 西餐的用餐礼仪

（1）就座时，身体要端正，手肘不要放在桌面上，不可跷足，与餐桌的距离以便于使用餐具为佳。餐台上已摆好的餐具不要随意摆弄。应将餐巾对折轻轻放在膝上。

（2）使用刀叉进餐时，从外侧往内侧取用刀叉，要左手持叉，右手持刀。切东西时左手拿叉按住食物，右手执刀将其切成小块，用叉子送入口中。使用刀时，刀刃不可向外。进餐中放下刀叉时应摆成"八"字形，分别放在餐盘边上。刀刃朝向自身，表示还要继续吃。每吃完一道菜，将刀叉并拢放在盘中。如果是谈话，可以拿着刀叉，无需放下。不用刀时，可用右手持叉，但若需要做手势，就应放下刀叉。千万不可手执刀叉在空中挥舞摇晃；也不要一手拿刀或叉，而另一手拿餐巾擦嘴；也不可一手拿酒杯，另一手拿叉取菜。要记住，任何时候，都不可将刀叉的一端放在盘上，另一端放在桌上。

（3）喝汤时不要啜，吃东西时要闭嘴咀嚼。不要舔嘴唇或咂嘴发出声音。如汤菜过热，可待稍凉后再吃，不要用嘴吹。喝汤时，用汤勺从里向外舀，汤盘中的汤快喝完时，用左手将汤盘的外侧稍稍翘起，用汤勺舀净即可。吃完汤菜时，将汤匙留在汤盘（碗）中，匙把指向自己。

（4）吃鱼、肉等带刺或骨的菜肴时，不要直接向外吐刺或骨，可用餐巾捂嘴轻轻吐在叉上放入盘内。如盘内剩余少量菜肴时，不要用叉子刮盘底，更不要用手指相助食用，应以小块面包或叉子相助食用。吃面条时要用叉子先将面条卷起，然后送入口中。

（5）面包一般掰成小块送入口中，不要拿着整块面包去咬。抹黄油和果酱时，也要先将面包掰成小块再抹。

（6）吃鸡时，欧美人多以鸡胸脯肉为贵。吃鸡腿时应先用力将骨去掉，不要用手拿着吃。吃鱼时不要将鱼翻身，要吃完上层后用刀叉将鱼骨剔掉后再吃下层。吃肉时，要切一块吃一块，块不能切得过大，也不能一次将肉都切成块。

（7）喝咖啡时如需要添加牛奶或糖，添加后要用小勺搅拌均匀，将小勺放在咖啡的垫碟上。喝时应右手拿杯把，左手端垫碟，直接用嘴喝，不要用小勺一勺一勺地舀着喝。吃水果时，不要拿着水果整个去咬，应先用水果刀切成四瓣，再用刀去掉皮、核，用叉子叉着吃。

（8）用刀叉吃有骨头的肉时，可以放下刀叉用手拿着吃。当然，若想吃得更优雅，还是用刀叉比较好。方法是：用叉将整片肉固定（可用叉的背部压住肉），再用刀沿骨头插入，把肉切开。最好是边切边吃。必须用手吃时，侍者会附上洗手水。当洗手水和带骨头的肉一起端上来时，意味着"请用手吃"。用手指拿东西吃后，将手指放在装洗手水的碗里洗净。吃一般的菜时，如果把手指弄脏，也可请侍者端洗手水来，注意洗手时要轻轻地洗。

（9）吃面包可蘸调味汁，吃到连调味汁都不剩，是对厨师的礼貌。注意不要用舌头把面包盘子"舔"干净，而要用叉子叉住已撕成小片的面包，蘸盘上的调味汁来吃，这才是雅观的就餐方式。

3. 西餐的饮食习惯

在正式的西餐馆用餐时，餐具与酒具的配合使用是一丝不苟的。吃什么样的菜用什么样的刀叉，也是很有讲究的，所以每人面前都有备选的两三套。酒杯也一样，因为在西餐中讲究不同性质的菜肴搭配不同性质的酒，如图 1-2-2 所示。习惯上，餐前要喝一杯开胃酒；用餐过程中，如果吃肉要配干红葡萄酒，吃鱼虾类海味要喝干白葡萄酒；餐后有些人还喜欢喝一点白兰地一类的烈性酒。每种酒所用的酒杯都不同。西餐用餐时从来不提倡"感情深，一口闷"。席间大家边吃边聊，酒只是起到助兴和调节气氛的作用，虽频频举杯，却浅尝辄止，气氛愉快而不喧闹。

图 1-2-2　西餐的餐具与酒具

4. 西餐座次安排

宴会开始前的准备工作之一就是要安排席位。席位排列关系到来宾的身份和主人给予对方的礼遇，所以是一项重要的内容。在不同状况下，席位的排列有一定的差异，可以分为桌次排列和位次排列两方面。

（1）桌次排列。在西餐用餐时，人们所用的餐桌有长桌、方桌和圆桌。有时，还会以之拼成其他各种图案。不过，最常见、最正规的西餐桌当属长桌。

1）长桌。以长桌排位，一般有两种主要方法。一是男女主人在长桌中央对面而坐，餐桌两端可以坐人，也可以不坐人。二是男女主人分别就座于长桌两端。某些时候，如用餐者人数较多时，还可以参照以上办法，以长桌拼成其他图案，以便安排大家同时用餐。

2）方桌。以方桌排列位次时，就座于餐桌四面的人数应相等。一般情况下，一桌共坐 8 人，每侧各坐两人的状况比较多见。在进行排列时，应使男、女主人与男、女主宾对面而坐，所有人均各自与自己的恋人或配偶坐成斜对角。

3）圆桌。在西餐里，使用圆桌排位的情况并不多见。在隆重而正式的宴会里，则尤为罕见。其具体排列，基本上是各项规则的综合运用。

4）桌子是 T 形或 U 形排列时，横排中央位置是男女主人位，身旁两边分别为男女主宾座位，其余依序排列。

（2）位次排列。西餐位次排列时，面对餐厅正门的位子，一般在序列上要高于背对餐厅正门的位，位次安排原则如下。

1）恭敬主宾。在西餐用餐时，主宾极受尊重。即使用餐的来宾中有人在地位、身份、年纪方面高于主宾，但主宾仍是主人关注的中心。在排定位次时，应请男、女主宾分别紧靠着女主人和男主人就座，以便进一步受到照顾。

2）女士优先。在西餐礼仪中，女士处处备受尊重。在排定用餐位次时，主位一般应请女主人就座，而男主人则须退居第二主位。

3）交叉排列。正式的西餐宴会在排列位次时，要遵守交叉排列的原则。依照这一原则，男女应当交叉排列，生人与熟人也应当交叉排列。因此，一个用餐者的对面和两侧，往往是异性，而且还有可能与其不熟悉。

三、传统西餐与现代西餐、简餐的区别（见表 1-2-1）

表 1-2-1 传统西餐与现代西餐、简餐的区别

区别类别	传统西餐	现代西餐、简餐
菜肴数量	就餐时菜肴数量较多，通常有数十道之多，依次可分为冻开胃头盘、汤、热开胃头盘、鱼、主菜、热盘、冷盘、雪葩、烧烤类及色拉、蔬菜、甜点、咸点、甜品	相对比较简单。现代西餐一般正餐分五道，分别为冻开胃菜、汤、热头盘菜、主菜、甜品。而简餐则只有三道菜，分别为冻/热开胃菜、主菜、甜品。一般西餐的快餐就更为简单
菜肴口味	每一道菜体现了不同的原料、不同的风味，对于每道菜搭配的沙司更为讲究，使整个菜肴体现出丰富的味道	充分体现了创新的思想理念，在传统西餐的基础上，融入世界各地原料、烹调方法，在沙司运用上更体现出新颖的特点
就餐环境	对环境要求严格，在服务、音乐、环境的装饰上都讲究豪华	讲究主题，简约中凸显个性。现代西餐就餐环境要求优雅、时尚，而简餐则是时尚与个性的体现

四、主要的传统西餐实例（见表 1-2-2）

表 1-2-2 传统西餐实例

传统西餐	图片	制作工艺	风味特点
鱼子酱		鱼子是由新鲜鱼子腌制而成的，浆汁较少，呈颗粒状。鱼子酱是在鱼子的基础上加工而成的，浆汁较多，呈半流质胶状。黑鱼子酱以伊朗出产的最为名贵	红鱼子酱由鲑鱼子腌制加工而成，口味咸鲜，腥鲜味重。黑鱼子酱由鲟鱼子腌制加工而成，口味咸鲜，有其特有的鲜香味
法式鹅肝酱		1. 鹅肝洗净，浸入牛奶中，使其浸出血水，去筋后粉碎成酱 2. 用白葡萄酒、盐、胡椒腌渍一天 3. 将鹅肝酱放入模具，隔水蒸至鹅肝酱凝结，取出冷却 4. 批去表面的浮油，用调羹挖成梭形，置于盆内	香糯可口，回味悠长，营养丰富
龙虾色拉		1. 用筷子插入龙虾尾部一小孔，让其血水流出，使龙虾无异味 2. 取大锅，放水烧沸，放入龙虾煮约 30min，待熟即取出。小心地把龙虾头、虾尾剥出留用，取出虾肉切片 3. 将混合水果蔬菜和色拉酱同精盐、胡椒粉同放入碗中和匀，摆放在长盘中 4. 将虾肉片放在水果蔬菜色拉上，淋上色拉酱 5. 盘子旁放回虾头、虾尾，使其成一只龙虾形状；虾头两侧放上椰菜丝，并以车厘子（樱桃）做虾眼装饰	清口香甜、咸鲜

（续表）

传统西餐	图片	制作工艺	风味特点
美式牛排		1. 从冷冻室取出牛排，擦干表面的水分，自然解冻 2. 平底锅放到中高火上预热至有很强的热气 3. 牛排两面均匀地撒上盐和胡椒粉，在一面滴上一些橄榄油，然后抹匀。将抹油的一面向下放入锅中，煎至所需要的熟度。另一面按同样方法煎至所需要的熟度 4. 将牛排放在已预热的盘子上，顶上放上香草黄油	肉质鲜嫩醇香，味美适口
牛尾汤		1. 将牛尾洗净，顺骨关节处切成段，放入水中煮熟至软，然后取出牛尾去骨切丁待用，并形成牛基础汤 2. 洋葱、胡萝卜、白萝卜切成小丁，芹菜切成小段 3. 煎盘加黄油，放入洋葱、玉桂叶炒香，加入番茄酱炒透，放入胡萝卜丁、白萝卜丁、芹菜、去骨切丁的牛尾和面粉炒熟 4. 牛基础汤中加入炒好的蔬菜番茄酱，搅拌均匀，加盐、胡椒、白兰地酒、糖调好口味，烧沸即好	鲜香，微咸，牛尾软烂，蔬菜鲜嫩
海鲜意面		1. 洋葱末炒香，加入虾、蛤蜊、青口贝等海鲜炒熟，加入白葡萄酒、少量柠檬汁 2. 加入煮熟的意面炒热，加入奶油、鸡蛋黄，搅拌均匀，用盐、胡椒调味	汁水乳白，咸、鲜适口，具有奶香、酒香

（续表）

传统西餐	图片	制作工艺	风味特点
鸡丁色拉		1. 盐和蛋黄放在瓷碗中，用筷子把蛋黄等物搅至匀稠，加少许白醋（先用等量开水混合）搅和，使蛋黄成薄糊状，然后慢慢加入色拉油拌和即成 2. 将鸡肉、马铃薯、番茄、香菜切成小丁，放入大器皿内，把上面制作的色拉酱倒入拌和即成	色彩鲜艳，鲜美嫩滑，清香宜人

思考题

1. 西餐用餐喝汤时，汤勺是由里向外舀，还是由外向里舀？

2. 西餐的肉类菜肴一般应搭配哪种类型的酒？

3. 按照西餐的饮食习惯,白兰地一类的烈性酒是在餐前饮用还是餐后饮用？

模块三

厨政管理

学习目标

1. 了解厨房安全生产管理的方法与一般技术。
2. 了解厨房人员培训与管理的基本要求。
3. 熟悉厨房运行的一般管理流程。
4. 熟悉厨房设计布局的原则。
5. 熟悉西式菜点的销售价格计算。
6. 掌握西餐厨房人员配备的基本方法。
7. 掌握酒店情景英语。

　　厨政管理是一项具有挑战性的、考验智慧和能力的工作，它以生产核心，合理配置人员、设备、原料、时间等各种资源，运用现代管理手段与方法，把握采购、加工、安全、卫生、成本、研发、营销等各个环节。人力资源管理是现代厨政管理的核心，菜品创新是现代厨政管理的生命之源。

图 1-3-1　厨政管理

　　厨政管理的主要工作内容包括：（1）进行厨房设计布局与组织管理；（2）实施厨房生产运行管理；（3）进行厨房产品质量管理；（4）进行厨房物资管理与成本控制；（5）对厨房员工进行培训与管理（见图 1-3-1）。

一、厨房设计布局与组织管理

1. 厨房设计布局的意义与原则

厨房设计布局是根据餐饮经营需要，对厨房各功能所需区域进行定位并对其面积进行分配，进而对各区域、各岗位所需设备进行配置的统筹计划工作。

（1）厨房设计布局的意义

1）厨房设计布局决定厨房建设投资。

2）厨房设计布局是保证厨房生产特定风味的前提。

3）厨房设计布局直接影响菜品出口的速度和质量。

4）厨房设计布局决定厨房员工的工作环境。

5）厨房设计布局是提供顾客良好就餐环境的基础。

（2）厨房设计布局的原则

1）保证工作流程连续顺畅。

2）厨房各部门尽量安排在同一楼层，并力求靠近餐厅。

3）注重食品卫生及生产安全。

4）设备尽可能兼用、套用，集中设计加热设备。

5）留有调整发展的余地。

2. 确定厨房总体面积的方法

（1）按餐位数计算厨房面积。自助餐厅每个餐位需 0.5 ~ 0.7 m²，咖啡厅每个餐位需 0.4 m²，其他类型每个餐位需 0.5 ~ 0.8m²。

（2）按用餐区域面积计算厨房面积。大型饭店的厨房与用餐区域面积的比例为 1：2.5；中型饭店的厨房与用餐区域面积的比例为 1：2.2。

（3）按餐厅面积比例计算厨房面积。厨房一般约占餐厅总面积的21%，仓库则占8%左右。

3. 厨房设计布局（见表 1-3-1）

表 1-3-1 厨房设计布局

厨房布局分类	适用范围	厨房布局方式
直线形布局	适用于高度分工合作、场地面积较大、相对集中的大型餐厅和酒店的厨房	集中布局加热设备，集中吸排油烟。通常是所有炉灶、炸锅、烤箱等加热设备均直线形布局，依墙排列，置于一个长方形的通风排气罩下。每位厨师按分工相对固定地负责某些菜肴的烹调熟制，所需设备工具均分布在其左右和附近
相背形布局	适用于厨房较为狭长的中型餐厅和酒店的厨房	是把主要烹调设备（如烹炒设备和蒸煮设备）分别以两组的方式背靠背地组合在厨房内，中间以一堵矮墙相隔，置于同一抽排油烟罩下，厨师相对而站进行操作
L形布局	适用于厨房较为方正的中型餐厅和酒店的开放式厨房	将设备沿墙设置，通常是把燃气灶、烤炉、扒炉、烤板、炸锅、炒锅等常用设备组合在一边，把另一些较大的设备组合在另一边，两边相连成一犄角，集中加热排烟（见图 1-3-2）
U形布局	适用于中小型餐厅和酒店的厨房	将工作台、冰柜以及加热设备沿四周摆放，留一出口供人员、原料进出，出品可从窗口接递

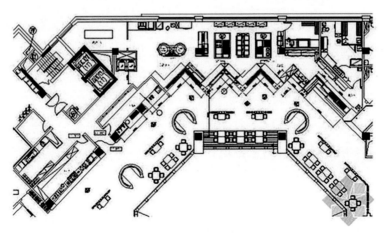

图 1-3-2　厨房 L 形布局

二、厨房生产运行管理

厨房生产运行管理是指对菜点的整个生产、加工、制作过程所进行的有效的、有计划的、有组织的系统管理与控制过程。

1. 厨房生产运行管理流程

尽管西餐菜点品种繁多，每样菜点的出品都需要经过很多的烹调生产工序，但总体来说是大同小异的。从宏观上看，菜点的烹制工艺流程按顺序包括如下几个阶段：（1）食品原料的选择阶段；（2）对原料进行预制加工阶段；（3）对加工成形的原料进行组配阶段；（4）加热烹调阶段；（5）成品菜点装盘出品阶段（见图1-3-3）。

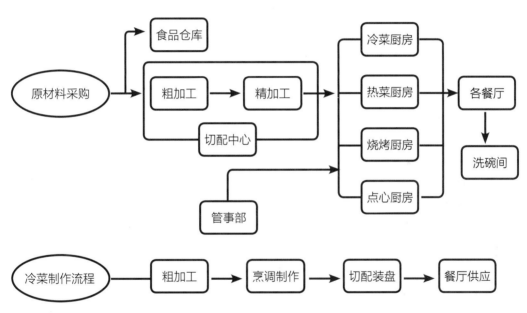

图1-3-3　厨房生产运行流程示意图

2. 西餐厨房人员的配备

西餐厨房人员的配备主要包括两层含义：一是满足生产需要的西餐厨房所有员工人数的确定；二是人员的分工定岗和合理安排。西餐厨房人员的配备直接关系到劳动力成本的大小、队伍士气的高低，而且对西餐厨房的生产效率、菜点产品的质量以及餐饮生产经营的成败都有着不可忽视的影响。因此，不同规模、不同档次、不同规格要求的西餐厨房对员工的配备要求是不一样的。

西餐厨房人员数量确定的具体方法有按比例、按工作量、按岗位确定等，但一般都按照就餐餐位来确定。国际通用标准是 30～50 个餐位配备一名厨房人员，国内通用标准是 15～20 个餐位配备一名厨房人员，对一些高档、特色西餐厅，也有七八个餐位配备一名厨房人员的，这些应根据实际情况灵活掌握。

三、厨房流程管理

1. 流程管理的概念

按工作流程检查落实每天的工作任务，督导各个生产环节的工作质量，保证厨房处于正常有序的工作状态。西餐厨房一般管理流程如下：

营业准备、人员安排→收货验货、查看订单→加工制作（配菜、半成品等）→出品检验、处理投诉→收档检查、安全卫生（水、电、燃气）→打单约货、总结工作、资料存档。

2. 出品管理

（1）检查督导菜点出品的质量：色、香、味、形、器、量、规格等。

（2）从生产流程上进行控制。

（3）收验货：严格按原辅调料产品的规格、质量验收。

（4）配菜：严格按标准规格进行配制。

（5）烹制：严格按操作工序与质量标准烹制。

（6）装盆：严格按装盆标准进行装盆。

（7）建立标准化体系：建立质量管理制度，制定操作与质量标准。

3. 成本管理

成本管理要求是：原料、辅料、调料要定规格标准、定品牌、定供应厂商，并封样存档。严格按存样标准对原料、辅料、调料进货的质量等进行检验；设计成本合理的标准菜单，进行促销推广；原料加工要按标准进行，做到物尽其用；注重菜点出品质量；控制调味品的使用；掌握消耗量，控制库存量；注意节能，降低能源消耗。

4. 物品管理

物品管理要求是：原料保管要先进先出，防止霉烂变质与虫蛀；注意物品的保质期限，及时使用与调换；掌握消耗量，控制库存量；物品存放须规范，应分类保管、爱护使用、责任到人；设备、设施维护保养要制定制度、落实到人、经常维护、及时报修，严禁野蛮操作等违规行为。

四、西式菜点成本核算

1. 西式菜点的价格构成

从理论上讲，西式菜点价格的构成应当包括菜点采购、加工制作消耗的全部费用、利润及税金，其公式是：

西式菜点的价格 = 原材料成本 + 加工制作经营费用 + 利润 + 税金

但在各种西式菜点的具体加工和销售过程中，经营费用很难按各菜点的实际耗用来确切计算。所以人们在核定西式菜点的价格时，只将原料成本作为计算的条件，将加工制作经营费用、利润及税金合并称为"毛利"，作为另一个计算条件。因此，其公式可写为：

西式菜点的价格 = 原料成本 + 毛利

2. 西式菜点的价格制作方法

西式菜点价格制定的方法很多，有随行就市法、毛利率法、系数定价法、主要成本率法等，现代西餐企业以毛利率法制定菜点价格为多。

毛利率法是以菜点的毛利率为基数的定价方法。毛利率是毛利与某些指标之间的比率。毛利率在一定程度上反映着西式菜点产品的利润水平，直接决定着菜点的价格水平与餐饮企业的盈亏，也关系到宾客的利益。毛利率越高，价格越高，餐饮企业的利润也越高，但客人负担也越重，有可能影响菜点的销售；反之，毛利率越低，价格也越低，餐饮企业的利润会相对减少，但顾客负担小，可以促进销售。因此，在西式菜点定价时必须做好以下几方面的准备工作：

（1）判断市场需求。认真做好市场调查工作，掌握消费者对菜点价格的接受程度，判定菜点的市场需求，确立市场定位。

（2）确定价格定位。确定价格定位，必须在保持菜点价格处在经市场确认的最佳适应性的基础上，使菜点的价格达到既能使顾客接受，又能使西餐经营企业获得利润最大化的目的。

（3）正确的菜点成本计算。正确计算每一个菜点所耗用的原料、辅料、调料以及企业运行中的各项费用水平，预测保本销售额，为制定菜点价格提供依据。

（4）分析同行竞争对手价格。价格是西餐经营企业开展市场竞争的重要手段，在分析同行在同一地段、同一档次、同种规格和同类菜点价格的基础上，选择自己的定价策略。

（5）确定毛利率标准。西式菜点价格是根据菜点成本和毛利率来制定的。毛利率的高低直接决定西式菜点价格高低的水平。因此，必须根据每一个菜点的特点确定其毛利率。

（6）选择定价方法。西式菜点销售目标不同，定位方法也不一样。常见的有以成本为中心、以利润为中心和以竞争为中心的方法，企业应根据自己的消费对象和竞争对手，选择具体的定价方法。

3. 毛利率的计算

西餐厨房常用的计算售价的方法有成本毛利率法和销售毛利法两种。

（1）销售毛利率。销售毛利率又称内扣毛利率，是菜点毛利额与菜点销售价格之间的比率。计算公式：

$$销售毛利率 = \frac{菜点毛利额}{菜点销售价格} \times 100\%$$

$$菜点毛利额 = 菜点销售价格 - 菜点成本$$

例：某桌筵席的菜点成本为 350 元，销售价格为 600 元，这桌筵席的毛利是多少？销售毛利率又是多少？

解：毛利 =600 - 350=250（元）

销售毛利率 =250/600×100%=41.67%

答：此桌筵席的毛利是 250 元，销售毛利率为 41.67%。

（2）成本毛利率。成本毛利率又称为外加毛利率，是菜点毛利额与菜点成本之间的比率。其公式：

$$成本毛利率 = \frac{菜点毛利额}{菜点成本} \times 100\%$$

根据价格构成公式可知：销售毛利率 + 成本率 =1。

例：求上例菜点的成本毛利率。

解：成本毛利率 =（600 – 350）/350×100%=71.43%

答：其成本毛利率为 71.43%。

（3）毛利率的换算。销售毛利率和成本毛利率在实际西式菜点计算中都可以应用，但销售毛利率法优于成本毛利率法。在菜点的销售价格和耗料成本一致的情况下，销售毛利率与成本毛利率之间换算公式为：

$$销售毛利率 = \frac{成本毛利率}{1+ 成本毛利率} \times 100\%$$

$$成本毛利率 = \frac{销售毛利率}{1- 销售毛利率} \times 100\%$$

例 1：某菜肴成本毛利率为 112%，在菜肴耗料成本不变的条件下，试换算为销售毛利率。

解：销售毛利率 =112%/（1+112%）×100%=52.38%

答：销售毛利率为 52.38%。

例 2：某菜肴销售毛利率为 58%，在菜肴耗料成本不变的条件下，试换算为成本毛利率。

解：成本毛利率 =58%/（1 – 58%）×100%=138.09%

答：成本毛利率为 138.09%。

（4）毛利率确定的一般原则。西式菜点毛利率的确定对于餐饮企业有着非常重要的作用，它关系到餐饮企业的利益和顾客的利益。毛利率确定应遵循以下原则：

1）凡是其他酒店供应的和普通客人经常需要的一般大众西式菜点，毛利率从低；高标准宴会，名菜名点，风味独特的菜点，毛利率从高。

2）技术要求强，设备要求高、费用开支大、服务质量好、货源紧张、加工复杂精细的菜点，毛利率从高，反之从低。

3）菜点原材料价格昂贵的，毛利率从低，菜点原料价格便宜的毛利率从高。

4）团体或会议客人的菜点，同一品种批量大，单位成本相对较低，毛利率从低；零散客人的菜点批量小，费用大，服务细致，单位成本高，毛利率从高。

4. 西式菜点价格计算

（1）成本毛利法。成本毛利法也叫外加法、加成率法，是以耗料成本为基数定义的毛利率计算销售价格的方法。其计算公式为：

菜点销售价格 = 菜点耗料成本 ×（1+ 成本毛利率）

例：奶酪虾仁杯一客，耗料成本为 30 元，核定成本毛利率为 72.4%，试求奶酪虾仁杯的售价。

解：售价 =30×（1+72.4%）=51.7（元）

答：奶酪虾仁杯的售价为 51.7 元。

（2）销售毛利法。销售毛利法又称内扣法，是以销售价格为基数定义的毛利率计算销售价格的方法。其计算公式为：

$$菜点销售价格 = \frac{菜点原料成本}{1- 销售毛利率} × 100\%$$

例：烘焙房制作面包，用 500g 面粉可制作面包 18 个（面粉进价 3.6 元 /kg），其他用料 4.5 元，用 300g 豆沙可制作的面包馅 12 个（豆沙进价格 6.6 元 /kg），若销售毛利率为 55%，问每个豆沙面包售价多少？

解：豆沙面包单位成本 =3.6×0.5÷18+4.5÷18+6.6×0.3÷12

=0.1+0.25+0.165=0.515（元）

每只豆沙面包的售价 =0.515÷（1 － 0.55)=1.14（元）

答：每只豆沙面包的售价是 1.14 元。

五、厨房安全

所谓厨房安全，包括菜点食品安全与菜点制作安全两个方面。菜点食品安全是指厨房所加工的提供给客人的一切菜肴、面点等必须无害、无毒，进餐后不能给客人造成任何伤害；菜点制作安全是指菜点制作过程中避免任何有害于餐饮企业、宾客及员工的事故。事故一般都是由于人们的粗心大意而造成的，往往具有不可估计性和不可预料性。执行安全措施，使员工具有安全意识，可减少或避免事故的发生。因此，无论是管理者，还是每一位西餐厨房员工，都必须努力遵守安全操作规程，并具有承担维护安全的义务。

1. 厨房安全管理的意义

厨房安全管理就是要消除不安全因素，消除事故隐患，保障员工的人身安全和厨房财产不受损失。厨房不安全因素主要来自主观、客观两个方面，主观是指员工思想上的麻痹，违反安全操作规程或管理混乱，客观是指厨房本身工作环境较差，设备、器具繁杂集中，从而导致厨房事故的发生。

2. 厨房安全管理的基本内容

厨房安全管理的基本内容就是实施安全监督，建立检查机制。通过细致的监督和检查，使厨房员工养成安全操作的习惯，确保厨房设备和设施的正确运行，避免事故的发生。安全检查的工作重点可放在厨房安全操作程序和厨房设备这两个方面。

3. 厨房安全知识

（1）燃气燃油管道、阀门安全。厨房内的燃气燃油管道、阀门必须定期检查，防止泄漏。如发现燃气燃油管道泄漏，首先应关闭阀门，及时通风，并严禁使用任何明火和启动电源开关。油烟管道至少应每半年清洗一次。每日收市前，操作人员应及时关闭所有的燃气燃油阀门，切断气源、火源后方可离开。

（2）气瓶安全。厨房中的气瓶应集中管理，距灯具或明火等高温源要保持足够的距离，以防高温烤爆气瓶，引起可燃气体泄漏，造成火灾。

（3）灶具安全。厨房内使用的各种炊具，应选用经国家质量检测部门检验合格的产品，切忌贪图便宜而选择不合格的器具。厨房中的灶具应安装在不燃材料上，与可燃物有足够的间距，以防烤燃可燃物。厨房灶具旁的墙壁、抽油烟罩等容易污染处应天天清洗。厨房员工要按照操作程序操作灶具等器材。

（4）油锅安全。油炸食品时，锅里的油不应超过油锅的三分之二，防止水滴和杂物掉入油锅使食用油溢出着火。与此同时，油锅加热时应采用文火，严防火势过猛、油温过高造成油锅起火。

（5）厨房电器安全。厨房内的电器线路应严格按国家技术规范铺设，严禁"以铝代铜"。电器线路应采用绝缘导线，并穿硬 PVC 塑料管或钢管进行明、暗铺设，管口及管与管、管与其他附件相连时，应采取相应的防火措施，或采用瓷瓶明线铺设以及铅皮线、塑料护套线明线铺设。

厨房内使用的电器开关、插座等电器设备，以封闭式为佳，防止渗水，并应安装在远离燃气、液化气灶具的地方，以免开启时产生火花，引起外泄的燃气和液化气燃烧。

厨房内运行的各种机械设备均不得超负荷用电，应严格按规定进行操作，使用过程中应防止电器设备和线路受潮，严防事故的发生。

（6）消防安全。严格遵守消防安全管理规程。厨房内应配备灭火毯，用来扑灭各类油锅火灾；厨房内还应该配置一定量的干粉灭火器，放置在明显部位，以备紧急时所用；每日收市前通知保安部做好防火安全检查。厨师长为本部门的消防安全责任人。

六、厨房员工的培训与管理

培训工作是厨房管理的重要内容之一，通过厨房员工培训可以扩大员工的知识面，改变其工作态度，传授新的工作技巧，使员工紧跟餐饮业的发展速度。

1. 培训的目标和对象选择

应以厨房员工的最底层需求为基础，以在厨房第一线，能吃苦，好学上进的员工为重点培训对象，同时要合理制定培训计划和方式。可以依据餐饮企业自身的实际情况，决定培训的频率，具体培训的内容和时间的长短，以及培训地点。制定的培训计划应公布于众，充分调动员工的工作热情和积极性。

2. 培训的方式

培训既可以安排在本地区进行，把本地区一些优秀的、先进的经验和技巧学到手；也可去各地培训，博采众家之长，学到更多的创新菜点和管理理念；或是请专家来本企业进行培训，让更多员工受益。采用案例教学、专家讲座、卡片提问等各种不同的培训方法可以使厨师培训变得生动形象，提高培训效果。

3. 培训注意要点

（1）一次培训活动的时间不宜过长，不应超出学员的注意力集中限度，必要时可安排几次休息。

（2）学员学习接受的速度是不一致的，培训教员要有足够的耐心，要给那些动作慢、不太容易掌握要领的人提供更多的机会。

（3）培训的开始阶段不要强调提高工作速度，而要讲求动作的准确性。培训中强调的重点要反复讲、反复练。

（4）在将一项工作、一个菜点的制作过程分解成几个步骤之前，必须完整地示范一次。

（5）厨房受训员工应该知道培训要达到的目标。培训教员有责任让学员通过培训取得明显的成效，学员也应该有机会评估自己的学习，判断否达到了预期的要求。

七、西餐厅情景英语

1. 常用西餐厅情景英语词汇

（1）工具			
tray	托盘	napkin	餐巾
ashtray	烟缸	wet napkin	湿巾
bowl	碗	microware oven	微波炉
covered bowl	汤碗	glasses	玻璃杯
chopsticks	筷子	fork	叉
knife	刀	spoon	勺
tooth pick	牙签		
（2）调料			
salt	盐	soy sauce	酱油
vinegar	醋	sesame oil	芝麻油
sugar	糖	salad oil	色拉油
cube sugar	方糖	chili oil	辣椒油
white sugar	白糖	catsup	番茄酱
brown sugar	红糖	lard	猪油

honey	蜂蜜	butter	黄油
jam	果酱	cream	奶油
pepper	胡椒	cheese	乳酪
（3）香料			
bay leaves	香叶(月桂叶)	thyme	百里香
majoram	马郁兰	rosemary	迷迭香
organo	奥利根奴	sage	鼠尾草（茜子）
parsley	荷兰芹	basil	罗勒
tarragon	龙蒿	dill	莳萝
（4）饮料			
black tea	红茶	soda water	苏打水
green tea	绿茶	plain water	白开水
coffee	咖啡	fruit juice	果汁
mineral water	矿泉水	cola	可乐
liquor	白酒	yogurt	酸奶
wine	葡萄酒	bean milk	豆浆
beer	啤酒	milk	牛奶
（5）食品			
pork	猪肉	pigeon	鸽子
mutton	羊肉	duck	鸭子
beef	牛肉	goose	鹅
shrimp	虾	crab	蟹

ham	火腿	lobster	龙虾
bacon	培根，腊肉	bass	鲈鱼
sausage	香肠	mandarin fish	鳜鱼
（6）蔬菜水果			
radish	萝卜	orange	橘子
Chinese cabbage	卷心菜	peach	桃子
lettuce	莴笋	grape	葡萄
celery	芹菜	pineapple	菠萝
coriander	香菜	strawberry	草莓
spring onion	小洋葱	mango	芒果
Chinese chives	韭菜	water melon	西瓜
tomato	西红柿	honey melon	哈密瓜
red pepper	红辣椒	plum	李子，葡萄干
cucumber	黄瓜	garlic	大蒜
pumpkin	南瓜	lotus roof	藕
ginger	生姜	mushroom	蘑菇
apple	苹果	eggplant	茄子
pear	梨子	carrot	胡萝卜
（7）面食			
rice	米饭	bun	馒头
noodles	面条	dumpling	饺子
spring roll	春卷	toast	吐司

dough fritter	油条	hot dog	热狗
congee	稀饭，粥	sandwich	三明治
bread	面包	hamburger	汉堡包
（8）烹调方法			
stir-fried	炒	deep-fried	炸
stew	烧	steam	蒸
boil 煮		spicy 卤	

2. 句型范例

（1）Welcome to our restaurant , sir. 先生，欢迎您来我们饭店吃饭。

（2）Could you follow me , please? 请跟我来好吗？

（3）Welcome , sir. Step right in , please. 欢迎光临！先生，请进。

（4）Good morning , sir. Are you alone? 早晨好，先生。就您一位吗？

（5）How many of you , please? 请问几位？

（6）You may sit where you like. 您随便坐吧。

（7）Is anyone joining you , sir? 请问先生，还有人与您一起用餐吗？

（8）Take a seat , please. 请坐。

（9）May I take your order , madam? 请问您要吃点什么，夫人？

（10）Are you ready to order now? 您准备点菜吗？

（11）Could you repeat the order , please? 您能再说一遍点的菜吗？

（12）Just point it if you don't know the name. 您不知道菜名，就用手指一下。

（13）What kind of drink would you like? 您喜欢喝什么饮料？

（14）Which brand would you prefer? 您喜欢什么牌子的？

（15）Is there anything that you want? 您还点别的什么吗？

（16）I'll repeat your order , roast steak. 我重复一下您点的菜，牛排。

（17）Your dishes will come at once. 您的菜马上就来。

（18）The buffet is over there ,please help yourself? 自助餐在那边,请随便用餐。

（19）What happened to my order？I've been kept waiting for over half an hour. 我点的东西呢？我已经等了半个小时了。

（20）Is there anything wrong，madam？出什么事了，夫人？

（21）I'm the manager of the restaurant．What's wrong with your order？我是餐厅经理，请问您点的菜有什么问题吗？

（22）I'm sorry，sir．I'll get your another one / change it right away. 对不起，先生，我去给您重端一份来。/ 马上去换一份。

（23）I'm sorry to have kept you waiting. 很抱歉，让您久等了。

（24）I'm sorry，sir．I must have misunderstood you. 对不起，先生，我刚才一定是弄错了。

（25）I'm sorry，sir．Please accept our apologies. 对不起，先生，请接受我们的歉意。

（26）Thank you for telling us about it．I'll look into the matter right away. 谢谢告诉我们，我马上去处理这件事。

（27）I'm sorry，but we are glad you pointed out this to us. 对不起，很高兴您给我们指出来。

（28）I'll talk to the manager. 我会向经理汇报的。

3. 西餐厅情景英语

以 W 表示侍者（waiter，waitress），以 G 表示顾客（guest）。

（1）早餐

W:Good morning，Madam．Are you ready to order？Would you to have breakfast buffet or A la carte? 早上好，小姐。您准备好点菜了吗？您要吃早餐自助餐还是散点呢？

G:A la carte，please. I'll choose something from the menu. 散点吧。我会从菜单上挑选餐点。

W:May I take your order now, madam? 现在您要点菜了吗，小姐？

G:Yes. I'd like to have a continental breakfast. 是的，我要欧式早餐。

W:Certainly, madam, would you like toast, breakfast roolls, croissants or Danish pastries? 好的，小姐。您要吐司、早餐软包、牛角包还是丹麦包？

G:Croissants, please. 牛角包。

W:What kind of fruit juice would you like? 您喜欢哪一种果汁呢？

G:Pineapple juice. 菠萝汁。

W:Coffee or tea, Madam? 您要咖啡还是茶，小姐？

G:Black coffee, please. 清咖啡。

W:So that's croissants, pineapple juice and black coffee. 那就是牛角包、菠萝汁和清咖啡。

G:That's right. 对的。

W:Thank you, Madam. 谢谢，小姐。

（2）午餐

W:Good afternoon gentlemen， welcome to Parklane Western Restaurant. How many persons are there in your party? 中午好，先生们。欢迎来到柏丽西餐厅。请问总共有几位呢？

G:Three. 三位。

W:Would you like to sit smoking or no smoking？你们喜欢坐吸烟区还是无烟区呢？

G:Smoking. 吸烟区。

W:Follow me, please. I'll seat you. How about this table? 请跟我来。我给你们找位子。这张桌子可以吗？

G:Yes.Thank you. 好的。谢谢。

W:Please take a seat. Here's the menu. Take you time please. I'll take your order a moment later. Would you like something to drink first? 请坐。这是菜单。请慢慢看。稍候我来帮您点单。先来点喝的怎么样？

G:We have three Tsingtao. 给我们来三支青岛啤酒。

W:Just a moment. I'll bring it for you right away. 请稍等。我马上去拿。

W:May I take you order now, sir? 先生，我现在可以帮您点单了吗？

G:Yes.Can I order set lunch? 好的。我可以点中午套餐吗？

W:Certainly. How do you want your set lunch, sir? 当然可以。先生，您想要什么中午套餐？

G:I have cream of white bean soup, Grilled sirloin steak with gravy sauce, fresh fruit plate, hot coffee. 我要白豆忌廉汤、西冷牛扒配烧汁、鲜水果碟、热咖啡。

W:How would you like your sirloin steak done? 请问您好的西冷牛扒要几成熟？

G:Medium well. 七成。

W:Shall I bring your coffee now or later? 您的咖啡要现在上还是饭后上呢？

G:Later. 稍候再上。

W:Would you like something else? 请问您还要点其他的吗？

G:No.That is all. 不了，就这些。

W:We'll cooked your order set lunch about 10 minutes.10 分钟后我们将把您点的中午套餐准备好。

G:Good.Thank you. 非常好。谢谢。

W:You are welcome. It's our pleasure to service you. 不用谢。能为您服务是我们的荣幸。

（3）晚餐

W:Good evening, Madam and Sir. Welcome to the Parklane Restaurant. May I help you? 先生，女士，晚上好。欢迎来到柏丽餐厅，有什么可以帮到您？

G:Yes, please. 是的。

W:Do you have a reservation? 请问您有预定吗？

G:Yes, I reserved a table for two yesterday afternoon, in the name of Mr. White. 是的，我昨天下午以怀特先生的名义预定了一张台。

W:Just a moment, please. I'll have a look at our reservation book. 请稍候，我查一下我们的预定记录。

W:Oh, yes, Mr. White. We're expecting you. We have a window seat reserved for you. This way please. Will this table be fine? 哦，是的，怀特先生，我们恭候您的光临。我们给您留了一张靠窗的位子，这边请。这张桌子可以吗？

G:That's OK. 可以。

W:Please take a seat. Here is the menu. I'll take your order a moment later. Would you like to have a drink first? Two beers？请坐。这是菜单。我一会儿为您点菜。先来点喝的怎么样？两杯啤酒吗？

G:All right. Thank you. 好的，谢谢。

W:You are welcome. It's our pleasure to service you. 不用谢。能为您服务是我

们的荣幸。

八、标准菜谱的设计过程

标准菜谱的设计制订是一项十分细致复杂的技术工作，也是厨房生产管理的重要手段，必须高度重视，认真做好。标准菜谱的设计制订应该由简到繁逐步完成和完善，并充分调动厨师的积极性，反复试验，使标准菜谱中的各项规定都能科学合理，切实成为厨师生产操作的准则，以规范厨师烹调菜肴的行为。设计制订的标准菜谱要求文字简明易懂，名称、术语确切规范，项目排列合理，易于操作实施。标准菜谱的设计过程如下：

确定菜肴名称→确定烹制份数和规定盛器→确定原料种类、配份与用量→计算标准成本→确定工艺流程与操作步骤→编制标准菜谱初稿→制作出标准菜谱文本→核对编册。

思考题

1. 厨政管理的基本工作内容有哪些？

2. 如何正确确定厨房面积？

3. 厨房设计布局有哪四种类型？

4. 何为厨房生产运行管理？

5. 西餐厨房人员如何合理配备？

6. 什么是毛利率？什么是销售毛利率与成本毛利率？

7. 厨房员工的培训形式有哪些？

8. 厨房安全生产的基本内容是什么？

模块四

西餐营养知识

学习目标

1. 了解烹调原料的营养特点。
2. 掌握六大营养素的食物来源和生理功能。

食物是人类赖以生存的能量和营养来源，人类在进化过程中不断地寻找食物、选择食物并合理地利用食物，改进膳食结构，以求达到人体生理需要和膳食营养供给间的平衡。我们将食物中具有的对人体有生理价值的有效成分称为营养素。营养素是不可缺少的，我们每天所需的营养素，有一个最低的需要量，如果长时间处于供给不足状态，健康就会受到很大影响。人体所需的营养素有糖类、蛋白质、脂类、维生素、无机盐和水六大类，其中糖类、蛋白质和脂肪是人类所需热能的主要来源物质，俗称"产能营养素"。

一、六大营养素

1. 糖类

糖类广泛分布于自然界，尤其以植物界最多，人类食物中的糖主要靠植物性食物供给。

（1）糖类的组成（见图 1-4-1）。糖类主要由碳、氢、氧三种元素组成，按水解情况可分为单糖、寡糖和多糖三大类（见表 1-4-1）。

1）葡萄糖。葡萄糖是最常见的单糖之一，是双糖和多糖的基本组成部分，广泛存在于植物、动物体内。人体吸收的糖类大多转化成为葡萄糖后才被人体吸收，细胞用来产生能量的主要碳水化合物也是葡萄糖，所以葡萄糖可作为营养食品直接食用。

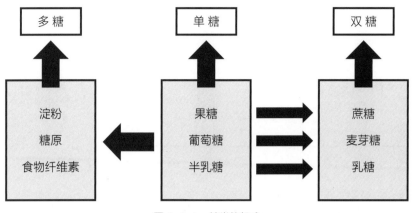

图 1-4-1　糖类的组成

表 1-4-1 糖的分类

分类	概念	对人体有意义的糖
单糖	不能水解成更小分子的糖，是糖类的基本组成单位	果糖、葡萄糖、半乳糖
寡糖（低聚糖）	能水解成少数（2～10 个）单糖分子的糖，其中以双糖形式存在的最为广泛	蔗糖、麦芽糖、乳糖
多糖（高聚糖）	能水解为多个单糖分子的糖	淀粉、食物纤维素

　　2）果糖。果糖主要存在于水果和蜂蜜中。果糖几乎与葡萄糖同时存在于植物中，也是人体易于吸收的糖分，在体内吸收后转变为肝糖，再分解为葡萄糖后被人体利用。

　　3）半乳糖。半乳糖不单独存在于天然食物中，在乳中和脑髓里都有半乳糖成分，它是神经组织的重要成分，在营养学上有重要的意义。

　　4）蔗糖。蔗糖广泛存在于植物界中，尤以甘蔗和甜菜中的含量最多。甘蔗含蔗糖约 2%，日常食用的白糖、红糖等都是蔗糖（见图 1-4-2）。蔗糖易溶于水，熔点在 160～180℃，加热至 200℃便成为棕褐色的焦糖。蔗糖由葡萄糖与一分子果糖缩合失

白 糖

冰 糖

红 糖

图 1-4-2　各类蔗糖

水而成。在酶的作用下或与酸共热，水解生成葡萄糖与果糖。

5）麦芽糖。麦芽糖由于大量存在于发芽的谷粒，特别是麦芽中而得名。麦芽糖是由两个分子的葡萄糖缩合失水而成。淀粉在淀粉酶的作用下水解即得麦芽糖，是甜味食品中重要的糖质原料。

6）乳糖。乳糖是哺乳动物乳汁中的糖。牛奶含乳糖4%，人乳含乳糖量在5%～7%。乳糖不易溶解，味道不甚甜，能在酸或酶的作用下水解生成葡萄糖和半乳糖。

7）淀粉。淀粉是一种最重要的多糖，也是人类膳食中热能的主要来源。淀粉是由许多葡萄糖分子脱水缩聚而成的高分子化合物，广泛存在于植物的块根、块茎和种子中。

淀粉无味，不溶于冷水，但和水共同加热至沸，就会成糊状（这个性质叫淀粉糊化），具有胶黏性，这种胶黏性遇冷产生胶凝作用。粉丝、粉皮就是利用淀粉这一性质制成的，烹调中的勾芡也是利用淀粉的糊化作用。由于碳原子连接方式不同，淀粉可分为直链淀粉和支链淀粉。直链淀粉不能溶于冷水中，但能溶于热水；支链淀粉不能溶于冷水，也不溶于热水，只能在热水中膨胀。

8）糖原。糖原在动物体内，因为像淀粉在植物体一样起着储存物质的作用，所以也称为动物淀粉。它主要存在于人和动物的肝脏和肌肉中，故又叫肝糖原和肌糖原，是动物储备能量的来源之一，人体中含量大约400g。糖原也是由许多葡萄糖分子构成的，其结构与支链淀粉相似。在酶或稀酸的作用下，糖原可水解为麦芽糖乃至葡萄糖。

9）食物纤维素。食物纤维素除纤维素外，还包括半纤维素、果胶、木质素等，是植物细胞壁的主要成分，植物的支架物质。食物纤维也是由许多葡萄糖分子残基缩合成的高分子化合物。由于人体内部不具备分解纤维素的酶，故一般情况大部分食物纤维不被人体消化吸收。

（2）糖类的生理作用

1）糖类是人体最重要的能源物质。糖类是生命的燃料，每克糖在体内经氧化可产生 16.74kJ 的热量，是人类是最主要的供能物质，也是最经济的供能物质。

2）糖类是构成机体组织细胞的一种重要物质，负担着特殊的生理功能。控制和传递遗传信息的化合物脱氧核糖核酸（DNA）和核糖核酸（RNA）、神经组织与类脂肪缔合的糖脂、结缔组织的黏蛋白、防止血液凝结的肝素、对某些化学药品和细菌分泌物起解毒作用的葡萄糖醛液中均含有一些糖类物质及其衍生物，且具有特殊的结构，故在人体内负担着特殊的生理功能。

3）糖类可节约体内蛋白质的消耗。体内的糖分充足时，机体首先利用糖供给热能。糖与蛋白质一起摄入，可增加三磷酸腺苷（ATP）合成，有利于氨基酸活化和蛋白质合成，促使氮在体内储留量增加，这种作用称为糖对蛋白质的节约作用。

4）具有抗生酮作用。人体内脂肪氧化不完全时，会产生酮体，酮体是一种酸性物质，当在体内积存过多，即可引起酸中毒，而糖类有抗生酮作用，能减少酮体的产生，防止酸中毒。

5）糖类可保护肝脏。肝脏是人体重要的解毒器官，肝脏解毒作用的大小和肝糖原的数量有明显关系。肝糖原不足时，肝脏对四氯化碳、酒精、砷等有害物质的解毒作用明显下降。

6）具有润肠、解毒作用。食物纤维虽然不能被人体消化道所消化、吸收、分解，但它能促使肠道蠕动，增加结肠的渗透，使肠内食物通过肠道的时间和在胃内的排空时间相对缩短，降低结肠的压力，同时可缩短肠壁与食物中有毒物质的接触时间，还能缩短粪便在肠内的滞留时间，从而预防便秘，减少细菌及其毒素对肠壁的刺激。

（3）糖的供给量及食物来源。糖的供给量依工作性质、劳动强度、饮食习惯、生活水平而定。一般认为由糖所提供的热量应占总摄入热量的 60% ~ 70%。成年人每日每千克体重约需糖 4 ~ 6g。而纯糖（指单糖、双糖）则不得超过总糖量的 5%。

膳食中糖类的主要来源是谷类和根茎类食品，以及含纯糖的食品。蔬菜、水果除含少量的单糖、双糖外，也是食物纤维素的主要来源。

（4）糖类的某些性质在烹调中的应用

1）淀粉是烹调过程中必不可少的。烹制菜肴时，将淀粉裹于原料表面，可防止原料过分失水，同时淀粉糊化后可使制成的菜肴油光发亮。利用淀粉的糊化作用，还可制作各类西点冻类产品。

2）糖与酸作用脱水可生成酯。酯是具有香味的物质，采用烧、焖、炖等技法烹制菜肴时适当加入少许的糖和醋，可增加食品香味。

3）糖的焦化作用可增加食物的色、香、味。糖加热至 160 ~ 180℃时即可分解并焦化，形成褐色物质，这种褐色物质称为焦糖。烹调中对部分需要着色的食品，如烧烤类，需用糖溶液先涂匀表面再加热。加热过程中，随糖的焦化程度增加，可使食品得到浓淡不同的颜色，并加重焦香味。

4）蔗糖加热到熔点时，即从晶体变为浓稠而黏性很强的胶体状物质。烹调中常利用糖的这一性质制成各种拔丝类食品，如拔丝香蕉等，并制成挂糖胶的食品，如蛋散、萨其玛等别具风味的糕点。

5）糖类还具有去腥解腻、矫正口味的功能。

2. 蛋白质

一切基本的生命活动，如消化吸收、生长繁殖等，都是从蛋白质的特有性质中产生出来的。没有蛋白质就没有生命。蛋白质存在于所有动物和植物细胞的原生质内，是生物体的主要成分。蛋白质对于人和动物的生存与健康极为重要，只有在蛋白质参与下才能进行最重要的生命过程。

（1）蛋白质的化学组成。蛋白质是一种化学结构非常复杂的有机化合物。它是由碳、氢、氧、氮等元素组成的。其中氮元素是蛋白质的特征元素，是糖和脂肪中所没有的，所以蛋白质也叫高分子含氮有机物。不论来自植物，还是来自动物的蛋白质，其氮含量极为相近，平均约为 16%。

蛋白质结构复杂，由数百个分子构成，其中的一些分子叫氨基酸分子，是蛋白质的组成物。氨基酸按不同的排列顺序构成某一种蛋白质，这种顺序就确定了蛋白质的形态和功能。构成人体蛋白质的氨基酸有 20 多种（见图 1-4-3）。其中有些氨基酸是体内

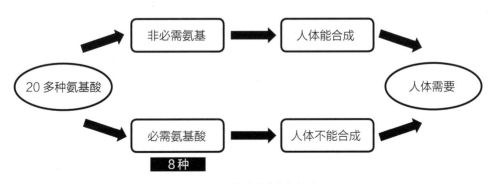

图 1-4-3 构成人体的氨基酸

需要的，但能够在体内合成，不一定通过食物供给，称为"非必需氨基酸"；另一类氨基酸是人体需要的，但人体不能合成，必须由食物中的蛋白质来供应，称为"必需氨基酸"。目前确定有八种氨基酸为必需氨基酸（见表1-4-2）。

表1-4-2 人体必需的氨基酸

序号	必需氨基酸名称	食物来源
1	缬氨酸	食物中一般都含缬氨酸，以乳类、蛋类和花生中含量较多
2	亮氨酸	在玉米蛋白质中含量较高，达22% ~ 24%
3	异亮氨酸	以肉类、乳类和蛋类蛋白质中含量较多，谷物及蔬菜的蛋白质中含量相对偏低
4	苏氨酸	存在于所有食物的蛋白质中，以肉类、乳类和蛋类的蛋白质中含量较多，其次为谷物类，其他蔬菜类的蛋白质中含量较低
5	赖氨酸	在鱼、肉、蛋等动物性食物中含量较多，尤以肉皮中含量多，谷类蛋白中赖氨酸的含量甚少，而谷类胚芽部分的含量和肉类差不多
6	蛋氨酸	肉类、乳类和蛋类的蛋白质中含量约为4%，谷类和蔬菜类蛋白质中含量比较少，大米的蛋白质中的含量在4%左右
7	苯丙氨酸	在所有的食物蛋白质中含量均比较高，蛋类蛋白质中含量达6%
8	色氨酸	天然食物中的蛋白质都含有少量的色氨酸，以动物性蛋白质中含量较高，而玉米中色氨酸含量很少

（2）蛋白质的分类。按照各种食物蛋白质中必需氨基酸结构与数量的不同，蛋白质的营养分为完全蛋白质、半完全蛋白质和不完全蛋白质三大类（见表1-4-3）。

（3）蛋白质的评价。衡量食物中蛋白质的好坏，一般是通过测量蛋白质营养价值来实现的，主要是依据人体摄入蛋白质的效果而定。品质好的蛋白质，生物利用率就高，也越容易被人体消化、吸收和利用。常用蛋白质的营养价值评价指标包括以下三个方面：

1）食物中蛋白质的含量。食物中蛋白质含量的高低虽不能决定食物蛋白质营养价

表 1-4-3 蛋白质分类

	完全蛋白质 （优质蛋白质）	半完全蛋白质	不完全蛋白质
必需氨基酸种类	齐全	齐全	不齐全
必需氨基酸数量	充足	不均匀	不均匀
必需氨基酸比例	恰当	不恰当	不恰当
对人体作用	能维持成人的健康，并能促进儿童的生长发育	能起到维持生命活动的作用，没有促进生长发育的作用	很难维持肌体健康，更不具有促进生长发育的作用
食物来源	乳、蛋、肉、鱼等动物性蛋白质 植物性蛋白质中的大豆蛋白质	谷类的醇溶蛋白、谷蛋白和小麦的麦胶蛋白	玉米的胶蛋白、动物结缔组织和肉皮中的胶原蛋白、豌豆的豆球蛋白

值的优劣，但它是评定食物营养价值的基础。如果食物中蛋白质营养价值高，但含量低，就不具备很高的食用价值，也不能满足机体的需要。

2）蛋白质的消化率。蛋白质消化率主要反映蛋白质在人体消化酶作用下被分解的程度。蛋白质消化率越高，则被机体吸收利用的可能性就越大，其营养价值也越高。一般植物性食物蛋白质消化率比动物性食物的低，而烹调后的食物蛋白质消化率比未烹调的高。

3）蛋白质的生物价。食物蛋白质品质的优劣，主要看蛋白质在人体内被消化、吸收和利用程度，生物价是衡量蛋白质被人体利用程度的重要指标。

4）蛋白质的互补作用。在自然界中没有一种单一的食物能完全满足人体的需要。在膳食中，两种或两种以上食物的蛋白质混合食用时，每种食物所含的必需氨基酸就可以相互配合、取长补短，从而使必需氨基酸比值更接近人体所需的氨基酸模式，称之为蛋白质互补作用，是提高食物蛋白质营养价值的重要途径。

（4）蛋白质的生理作用

1）构成、修补和更新人体组织。蛋白质是构成人体组织细胞的重要成分。人体各种器官组织都是由蛋白质组成的，身体的生长发育、衰老组织的更新、损伤后组织的修补等都离不开蛋白质。蛋白质在体内新陈代谢，不断地被分解破坏，同时又不断地修复和更新。此外，蛋白质也是构成酶和激素的成分。

2）构成抗体。为了保护机体免受细菌和病毒的伤害，人体血液中存在抗体物质，可提高机体抵抗力。

3）供给热量。每克蛋白质在体内经氧化可产生 16.74kJ（4.0 千卡）的热量，但蛋白质在体内的主要功能并非供给热能，只有当膳食中糖类、脂肪这两种能源物质的摄入量不足或人体急需热量又不能及时得到满足时，蛋白质可作为热源物质为机体提供需要。另外，人们每天从食物中摄入的蛋白质中有一些并不符合机体需要，或者数量过多，也将被氧化分解，释放能量。

4）调解生理机能

①解毒作用。高蛋白的膳食可以保护肝脏，增加肝脏对麻醉剂和毒性化学药品的抵抗力。缺乏蛋白质则肝脏解毒能力降低，肝脏功能受到损害。

②防止水肿。若膳食中长期缺乏蛋白质，血浆蛋白的含量便会降低，血液内的水分会过多地渗入周围组织，造成营养不良性水肿。

③维持神经系统的正常功能。神经系统的功能活动，与膳食中摄入的蛋白质的质和量有关系。蛋白质数量的改变，可以有规律地改变大脑皮质的兴奋与抑制过程。食物中大增大减蛋白质，不但破坏大脑皮质的兴奋与抑制过程，且能引起神经衰弱，进而影响内分泌激素的产生和神经体液的调节作用。

（5）蛋白质的供给量与食物来源。一般讲，成人每日约需 80g 的蛋白质。若按体重计算，每千克体重每日需 1 ~ 1.2g 蛋白质，一般应占进食总热量的 10% ~ 15%。儿童、孕妇、康复病人及劳动强度大的人需要量相应增加。

蛋白质主要来源于各种瘦肉、乳、蛋、奶、鱼类、粮食等食物，另外各种豆类、坚果、菌类、藻类也是很好的蛋白质来源。

3. 脂类

脂类是类脂和脂肪的总称（见图 1-4-4），由碳、氢、氧三种元素组成，有的还含有磷和氮等元素。由于脂肪中所含碳、氢比例比糖要多，而氧的比例小，因此产生能量比糖类、蛋白质都大。脂肪可分为动物脂肪和植物脂肪两种。

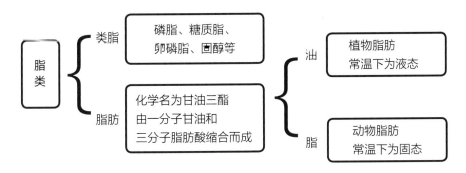

图 1-4-4　脂类的分类

（1）脂肪酸的分类。脂肪消解后生成甘油和脂肪酸。在营养学上，脂肪主要是根据其所含脂肪酸的种类进行分类的（见表 1-4-4）。

表 1-4-4　脂肪酸的分类

	分类	定义	食物来源
	饱和脂肪酸	分子中氢原子数是碳原子的 2 倍，碳链上的碳原子被氢所饱和	黄油、猪油、牛油、羊油、可可油等
不饱和脂肪酸	单烯脂肪酸	碳链上的碳原子没有完全被氢原子所饱和，出现了一个双键	橄榄油、花生油、菜籽油
	多烯脂肪酸	出现了两个或两个以上双键亚油酸是人体不能自行合成的，必须由食物供给的必需脂肪酸	鱼油、亚麻籽油、棉籽油、葵花籽油、豆油、玉米油、红花油

（2）脂类的生理作用

1）是体内储存能量的"仓库"。当体内养分物质过多时，过剩的糖、蛋白质等便转变成脂肪储存起来，一旦营养缺乏，脂肪又可转化为能量供人体所需。

2）构成机体组织细胞。类脂中的磷脂、固醇等是多种物质和细胞的组成成分，它们与蛋白质结合成脂蛋白，构成了细胞的各种膜，如细胞膜、核膜、线粒体等，与细胞的正常生理和代谢活动有密切关系。

3）提供给人体必需脂肪酸。必需脂肪酸作为合成固醇和磷脂的成分，其对于防止固醇运输中在血管壁上沉积具有重要作用。同时必需脂肪酸是细胞膜的组成成分，它能维持细胞膜的正常生理功能，并与类脂代谢有关，对皮肤也具有保护功能。

4）保护机体不受损伤。人体脂肪主要分布于皮下、腹腔、肌肉间隙和脏器周围。对组织器官有缓和机械冲击、固定位置的保护作用。其中，皮下脂肪有维持正常体温的作用。

5）促进脂溶性维生素的吸收。脂肪是脂溶性维生素的良好溶剂。脂溶性维生素可随脂肪的吸收而同时被人体吸收。当人们的饮食中缺乏脂肪或脂肪吸收发生障碍时，体内脂溶性维生素也会缺乏。

6）增加饱腹感。脂肪在胃中停留的时间较长，富含脂肪的食物能使人体产生较强的饱腹感。

（3）脂类的供给量及食物来源。成人每人每天所需的亚油酸约 4 ~ 5g。按此需要量计算，每人每天需摄入的脂肪总量约 50g，其中 2/3 为植物脂肪约 32g，1/3 为动物脂肪约 18g。

动物及植物的种子或果实中富含脂类。必需脂肪酸的最好来源是植物油类，其中玉米油、大豆油、麻油和花生油等必需脂肪酸含量较高。

（4）脂肪在烹调中的应用

1）使食品起酥。所有油脂都有比水黏性高的特点。在烹制含淀粉多的食品时，加入油脂后可使面团润滑，由于淀粉颗粒之间被油脂分子分隔，经炸或烤后可使食品起酥。酥食类点心以及烹制菜肴时常用的脆浆等均是添加油脂后制成的。

2）改善食品的感官性质，增加香味。食用油脂是酯类物质，本身都带有香味并具有黏度和腻滑性，用油脂烹调食物可获得特别的香味，增加食物亮油的感觉，促进食欲。用焖、炖等烹调肉类时，加入少量的酒与肉类中的脂肪酸能脱水缩合成酯，而使食物香味更浓。

4. 维生素

维生素是维持身体健康所必需的一类低分子有机化合物，它们既不是构成组织的原料，也不是供应能量的物质，主要以辅酶的形式参与新陈代谢过程，并起到调节作用。人体对各种维生素的需要量很小，但它们却是维持机体正常生命活动所必需的营养素。维生素具有外源性，大多数维生素在人体内不能合成或合成量甚少，不能充分满足机体的需要，必须通过食物才能获得。维生素按溶解性质不同可分为脂溶性维生素和水溶性维生素两种（见表 1-4-5）。

表 1-4-5 维生素的分类

分类	溶解性质		所含维生素
	水	脂肪或脂溶剂	
脂溶性维生素	不溶	溶	维生素 A、维生素 D、维生素 E、维生素 K
水溶性维生素	溶	不溶	B 族维生素（B_1、B_2、B_6、B_{12}） 维生素 C、维生素 PP、叶酸、泛酸等

（1）维生素 A

1）维生素 A 的性质。维生素 A 又称甲种维生素、抗干眼病维生素及视黄醇。易被空气氧化失去生理作用，紫外光可使其裂解。维生素 A 对热、酸、碱稳定，一般烹调方法不会破坏其营养成分。维生素 A 原——β-胡萝卜素存在于植物性食物中，耐热，在 100℃高温下加热 4 小时才会被破坏。生吃胡萝卜则有 90% 以上的胡萝卜素不能被人体吸收，而经油炒制后，胡萝卜素的吸收率可达 98%。

2）维生素 A 的生理功能。维生素 A 能促进体内组织蛋白质的合成，加速生长发育；维持正常视觉，防止夜盲症；维护上皮细胞组织的健康，增加对传染病的抵抗力；具有防止上皮肿瘤的产生和发展作用，还能促进细胞新生。

3）维生素 A 的食物来源。维生素 A 食物来源于动物肝脏、奶及奶制品、禽蛋、鱼卵、鱼肝油等；β-胡萝卜素来源于深色蔬菜和水果等植物性食物。

（2）维生素D

1）维生素D的性质。维生素D又称钙化醇、抗佝偻病维生素。其中以维生素D_2和维生素D_3较为重要，性质稳定，耐热、耐光，对氧、酸、碱都稳定。

2）维生素D的生理功能。维生素D能促进肠内钙、磷物质吸收和骨内钙沉积，与骨骼、牙齿的正常钙化有关。当人体缺乏维生素D时易引起佝偻病，骨软化，骨质疏松症。当维生素D摄入过多时会引进软组织钙化，肾结石等症。

3）维生素D的食物来源。海鱼、肝脏、蛋黄、奶油等食物中的维生素D含量较为丰富。

（3）维生素E。维生素E具有抗神经肌肉变性的作用，能维持肌肉正常发育，促进生育，延缓衰老和记忆力减退。维生素E广泛分布于动植物组织中，在麦胚油、棉籽油、玉米油、花生油、芝麻油中含量较多，另外在肉、奶、奶油、蛋白中也有存在。

（4）维生素K。维生素K又称凝血维生素，是形成凝血酶原的必要成分，能促使肝脏制造凝血酶原，并参与合成胆内其他凝血因子，若人体吸收不足，可使凝血时间延长。

维生素K在食物中分布较广，肝、蛋黄等动物性食物，菠菜、白菜等植物性食物中的维生素K含量都很丰富。

（5）维生素B_1。维生素B_1也称为硫胺素或抗脚气病维生素，在酸性条件下较稳定，遇碱较易被破坏。

维生素B_1是末梢神经兴奋传导不可缺少的物质，能促进肠胃蠕动，增加胰液和胃液的分泌，还可促进儿童的生长发育及糖类的代谢。缺乏维生素B_1可引起脚气病，还会引起老年人的下肢轻度浮肿，腿沉重麻木，行走乏力，食欲不振等症状。

维生素B_1广泛存在于天然食物中，含量较丰富的食物有动物内脏、肉类、豆类、花生、水果、蔬菜、蛋、奶及没有加工过的粮谷类。

（6）维生素B_2。维生素B_2又称核黄素或黄色酶，在酸性和中性环境中较稳定，熔点可达$275 \sim 282℃$，但在碱性溶液中加热则易被破坏。游离的维生素B_2对光敏感，特别在紫外线照射下易引起不可逆转的分解破坏。

维生素B_2是构成黄酶的辅基成分，参与生物氧化酶体系，可维持机体健康，促进生长发育。缺乏维生素B_2会影响生物氧化，引起物质代谢的紊乱，出现口角炎、唇炎、舌炎、角膜炎、阴囊炎，及视觉不清、白内障等疾病。

维生素B_2广泛存在于动植物食物中，动物性食物中相对较高，尤其是肝、肾、心脏、乳、蛋中含量较丰富，大豆和各种绿叶以及食用菌中也有不少的含量。

（7）维生素 B_6。维生素 B_6 易在空气、碱性和紫外线下被破坏分解。维生素 B_6 与不饱和脂肪酸、氨基酸的代谢有关，蛋白质在体内转化需要维生素 B_6。体内缺乏维生素 B_6 可导致眩晕、恶心、呕吐和肾结石，也可引起低血红蛋白贫血、神经系统功能障碍、脂肪肝，或因脂溢性皮炎抗体减少而易于感染。

维生素 B_6 在蛋黄、鱼、奶、全谷、白菜及豆类等食物中含量丰富。

（8）维生素 B_{12}。维生素 B_{12} 又称钴胺素、抗恶心性贫血维生素，在酸、碱中不稳定，在中性及微酸性条件下稳定。缺少维生素 B_{12} 会引起恶性贫血。维生素 B_{12} 主要来源于动物的肉、肝脏和肾脏。

（9）维生素 PP。维生素 PP 又称烟酸、尼可酸，可防治癞皮病。尼克酸广泛存在于各类食物中，在植物性食物中主要以尼可酸的形式存在，在动物性食物中主要以尼可酸胺的形式存在。

（10）维生素 C。维生素 C 又称抗坏血酸，遇热和碱将被破坏，与铜等金属接触，被破坏得更快。

维生素 C 能参与机体的羟化反应和氧化还原过程，促使伤口愈合，避免牙龈和长骨两端的皮下出血；维生素 C 也是有效的还原剂，可使亚铁离子保持还原铁的形式，促进人体对铁的吸收；维生素 C 还具有解毒作用。

缺乏维生素 C 可引起坏血病，主要表现为牙龈、角化毛囊及其四周出血。维生素 C 主要从新鲜蔬菜、水果中获得，动物性食物、粮谷类和干豆类中几乎不含维生素 C。

5. 无机盐

人体组织中几乎含有自然界中存在的各种元素，其中有 20 多种是构成人体组织、维持人体生理功能所必需的基本元素，除碳、氢、氧、氮四种元素以有机化合物形式存在外，其余元素均统称为无机盐或矿物质。

（1）无机盐的分类（见表 1-4-6）

表 1-4-6 无机盐的分类

	分类	定义	无机盐名称
依据在人体内的含量	常量元素	人体含量在 0.01% 以上	钙、镁、钾、钠、磷、硫、氯
	微量元素	人体含量低于 0.01%	铁、铜、碘、锌、锰、钴、氟、铬、硒等

（续表）

分类		定义	无机盐名称
依据营养价值	必需元素	在一切机体的正常组织中存在，含量固定，缺乏时身体会发生异常	钙、磷、钾、硫、氯、镁、铁、锌、铜、锰等
	非必需元素	人体不需要，但可参与代谢，并能排出体外	—
	有毒元素	人体不需要，不可参与代谢，易使人体中毒	汞、铅、铝、砷等

（2）无机盐的生理功能。虽然无机盐只占人体体重的 4% ~ 5%，但它是构成机体组织的重要元素，是生物体的必需组成部分。

1）无机盐是构成机体组织的重要材料。如钙、磷等是骨骼和牙齿的主要成分。

2）无机盐能维持体内酸碱平衡。机体内酸碱平衡有赖于无机盐的调节，而食物则是左右它们的外部条件。

3）无机盐能维持体液的渗透压。机体内体液的渗透压主要由无机盐和蛋白质来维持。

4）无机盐是很多酶的激活剂。如镁离子对参与能量代谢的酶具有激活作用，而氯离子则对唾液淀粉酶具有激活作用。

5）无机盐能维持神经和肌肉正常功能的作用。如钙对血液凝固、心脏及肌肉收缩等均有重要作用。

（3）重要的无机盐（见表 1-4-7）

表 1-4-7 重要的无机盐

名称	生理功能	吸收	食物来源
钙	1）构成骨骼、牙齿 2）维持神经与肌肉活动 3）促进酶的活性 4）参与凝血过程、激素分泌、维持体液酸碱平衡和细胞内胶质的稳定	1）抑制钙吸收的因素：植酸和草酸、膳食纤维、脂肪酸、某些碱性药物 2）促进钙吸收的因素：维生素D、乳糖、某些氨基酸、磷肽、某些抗生素	奶及奶制品、小虾皮、海带、大豆等食物

（续表）

名称	生理功能	吸收	食物来源
铁	1）是构成细胞的原料，参与血红蛋白、肌红蛋白、细胞色素及某些酶的合成，与氧在机体内的运转有关 2）是肌肉、肝、脾、骨髓及细胞色素氧化酶等一些酶的成分	1）铁吸收的抑制因素：植酸盐、草酸盐、磷酸盐、碳酸盐、多酚类物质 2）铁吸收的促进因素：维生素 C、有机酸、单糖	动物肝脏、动物全血、禽畜肉类、鱼类
碘	1）参与甲状腺激素的合成 2）与身体和智能发育、神经和肌肉的功能等有关	—	海带、紫菜、淡菜、海盐
镁	1）对心脏活动具有重要的调节作用 2）酶的激活剂	—	豆类、荞麦、玉米、蘑菇、茴香、青椒、香蕉等
钾	1）参与体内糖类和蛋白质的代谢 2）与钠元素互相协调，维持体内水盐平衡	—	豆类食物、水果或新鲜蔬菜
钠	1）参与酸碱平衡调节 2）对保持神经、骨骼肌兴奋性等方面有重要意义	—	盐

6. 水

水是最重要的一种营养素，在机体内的含量最多，占人体体重的 50% ~ 60%。由于人体每天都会排出相当数量的水分，所以必须从膳食及饮料中进行补充。

（1）水的生理功能。水是构成人体的重要物质，是体液的主要成分，它能溶解多种矿物质和有机物质；机体能通过水调节体温，尤其在天热时通可过出汗将体内的热量带出体外；水还能保证营养物质的运送，加强体内新陈代谢。

（2）水的平衡（见图 1-4-5）。人体每天所需的水量随年龄、气候、劳动强度等因素不同而有所差异。健康的成年人在一般情况下每天需水约 2500mL。

图 1-4-5 人体水平衡

二、烹调原料的营养特点

1. 谷类

（1）谷类的结构和营养素分布。谷类有相似的结构（见图 1-4-6），最外层是谷壳；谷皮内是糊粉层，再往里为占谷粒绝大部分的胚乳和一端的胚芽。各部分营养成分分布不均匀。

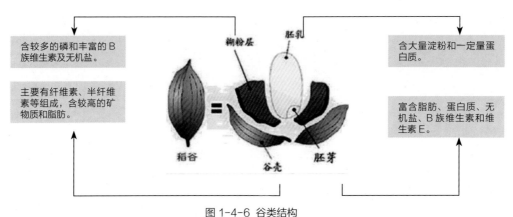

图 1-4-6 谷类结构

（2）谷类的营养成分及其价值（见表 1-4-8）

表 1-4-8 谷类的营养成分及其价值

营养物质	营养价值
蛋白质	谷类的蛋白质含量一般在 7.5% ～ 15% 之间，主要由谷蛋白、白蛋白、醇溶蛋白和球蛋白组成

（续表）

营养物质	营养价值
糖类	谷类的糖主要为淀粉，含量在 70% 以上，此外为糊精、果糖和葡萄糖等
脂肪	谷类中脂肪约占 1% ~ 4%。从米糠中可提取米糠油、谷维素和谷固醇；从玉米和小麦胚芽中可提取玉米和麦胚油，80% 为不饱和脂肪酸，其中亚油酸占 60%，有良好的保健功能
维生素	谷类是 B 族维生素重要来源。如硫胺素、核黄素、尼克酸、泛酸和吡哆醇等。玉米和小米含少量胡萝卜素。过度加工的谷物其维生素大量损失
无机盐	谷类中无机盐约占 1.5% ~ 3%。主要是磷、钙，多以植酸盐形式存在，消化吸收差

2. 豆类

（1）豆类的营养成分及其价值（见表 1-4-9）

表 1-4-9 豆类的营养成分及其价值

营养物质	营养价值
蛋白质	豆类含有 35% ~ 40% 的蛋白质，是天然食物中含蛋白质最高的食品。大豆蛋白是优质蛋白
糖类	豆类中含碳水化合物 25% ~ 30%，其中一半为可供利用的淀粉、阿拉伯糖、半乳聚糖和蔗糖；另一半为人体不能消化吸收的棉子糖和水苏糖，可引起腹胀，但有保健作用
脂肪	豆类中脂肪含量为 15% ~ 20%，其中不饱和脂肪酸占 85%，以亚油酸为最多，达 50% 以上。大豆油含 1.6% 的磷脂，并含有维生素 E
维生素	含较多硫胺素和核黄素
无机盐	含丰富的钙

（2）大豆中的抗营养因素

1）蛋白酶抑制剂。生豆粉中含有蛋白酶抑制剂，对人胰蛋白酶活性有部分抑制作用，对动物生长可产生一定影响。我国食品卫生标准中明确规定，含有豆粉的婴幼儿代乳品，尿酶实验必须是阴性。

2）豆腥味。主要是脂肪酶的作用。95℃以上加热 10 ～ 15min 等方法可脱去部分豆腥味。

3）胀气因子。主要是大豆低聚糖的作用。是生产浓缩和分离大豆蛋白时的副产品。大豆低聚糖可不经消化直接进入大肠，可为双歧杆菌所利用并有促进双歧杆菌繁殖的作用，可对人体产生有利影响。

4）植酸。影响矿物质吸收。

5）皂甙和异黄酮。这两类物质有抗氧化、降低血脂和血胆固醇的作用。

6）植物红细胞凝集素。是一种蛋白质，可影响动物生长，加热即被破坏。

3. 蔬菜、水果（见表 1-4-10）

表 1-4-10 蔬果的营养成分及其价值

营养物质	营养价值
糖类	蔬菜、水果中的糖类包括糖、淀粉、纤维素和果胶物质。其所含种类及数量，因食物的种类和品种有很大差别
维生素	新鲜蔬菜水果是提供抗坏血酸、胡萝卜素、核黄素和叶酸的重要来源
无机盐	蔬菜、水果是无机盐的重要来源，对维持机体酸碱平衡起重要作用。绿叶蔬菜一般含钙在 100mg/100g 以上，含铁 1 ～ 2mg/100g。但要注意在烹调时去除部分草酸，可有利于无机盐的吸收
芳香物质	为油状挥发性物质，使食物具有特殊的香味
有机酸	有机酸因水果种类、品种和成熟度不同而异。有机酸可促进食欲，有利于食物的消化，同时可使食物保持一定酸度，对维生素 C 的稳定性具有保护作用

4. 畜、禽肉及鱼类

（1）畜肉类的营养成分及其价值（见表 1-4-11）

表 1-4-11 畜肉的营养成分及其价值

营养物质	营养价值
蛋白质	含量为 10% ~ 20%，其中肌浆中蛋白质占 20% ~ 30%，肌原纤维占 40% ~ 60%，间质蛋白 10% ~ 20%。畜肉中含有能溶于水的含氮浸出物，使肉汤具有鲜味
糖类	主要以糖原形式存在于肝脏和肌肉中
脂肪	含量为 10% ~ 36%，肥肉高达 90%，其在动物体内的分布，随肥瘦程度、部位而有很大差异。以饱和脂肪为主，熔点较高
维生素	B 族维生素含量丰富，内脏如肝脏中富含维生素 A、核黄素
无机盐	含量约为 0.8 ~ 1.2mg/g，其中钙含量 0.079mg/g，此外，铁、磷含量较高，铁以血红素形式存在，不受食物的其他因素影响，生物利用率高，是膳食铁的良好来源

（2）禽肉的营养成分及其价值。禽肉的营养价值与畜肉基本相似，但脂肪含量少，熔点低（20 ~ 40℃），含有 20% 的亚油酸，易于消化吸收。禽肉的蛋白质含量约为 20%，其氨基酸组成接近人体需要，含氮浸出物较多。

（3）鱼类的营养成分及其价值（见表 1-4-12）

表 1-4-12 鱼肉的营养成分及其价值

营养物质	营养价值
蛋白质	含量一般为 15% ~ 25%，易于消化吸收，其营养价值与畜肉、禽肉相似。其氨基酸组成中，色氨酸偏低
糖类	主要以糖原形式存在于肝脏和肌肉中。

（续表）

营养物质	营养价值
脂肪	含量一般为 1%～3%，鱼类脂肪主要分布在皮下和内脏周围。鱼类脂肪多由不饱和脂肪酸组成，占 80%，熔点低，消化吸收率达 95%。鱼类脂肪中的二十碳五烯酸（EPA）和二十二碳六烯酸（DHA）具有降血脂、防止动脉粥样硬化的作用
维生素	鱼类是维生素的良好来源，如黄鳝中维生素 B_2 的含量为 2.08mg/100g。海鱼的肝脏是富集维生素 A 和维生素 D 的食物
无机盐	含量为 1%～2%，稍高于肉类，磷、钙、钠、钾、镁、氯丰富，是钙的良好来源。虾皮中含钙量很高，为 991mg/g，且含碘丰富

思考题

1. 糖类按水解情况可分为哪几类？其中对人体营养有意义的糖有哪些？

2. 什么是必需脂肪酸？人体的必需脂肪酸有哪些？

3. 糖类的生理功能是什么？

4. 维生素有哪些共同特点？

5. 维生素如何分类？维生素 A、维生素 B、维生素 C、维生素 D、维生素 E、维生素 K 分别属于哪一类别？

6. 维生素 B_1、维生素 B_2、维生素 C 缺乏可引起哪些疾病？如何从食物中补充？

7. 维生素 A、维生素 D 缺乏会引起哪些疾病？

8. 什么是无机盐？它如何分类？

9. 缺钙、铁、碘分别会引起哪些疾病？

10. 水有哪些生理功能？

11. 人体内水的来源有哪些？

食材篇
CHAPTER 2

2

模块一

水产类原料

学习目标

1. 熟悉常用淡水鱼的品种及性质。
2. 熟悉常用海水鱼的品种及性质。
3. 熟悉常用贝壳类的品种及性质。
4. 掌握淡水鱼在西餐烹调中的应用。
5. 掌握海水鱼在西餐烹调中的应用。
6. 掌握贝壳类在西餐烹调中的应用。

　　水产品通常是指带有鳍、软壳或硬壳的海水和淡水动物，包括各种鱼、蟹、虾、贝类等。自古以来，水产品一直是人们重要的食物来源之一。水产品包括的范围很广，可食用的水产品也很多，大致可分为鱼类原料和贝壳类原料。

一、鱼类原料

　　在动物性原料中，鱼类不仅产量大，而且蛋白质等营养价值并不比陆生动物的低，按平均数计算，鱼类的蛋白质含量在 15% 左右。从食用品质来说，鱼类肉质细嫩，味道鲜美，易于消化吸收。鱼类原料又可分为淡水鱼和海水鱼两大类。

1. 淡水鱼类原料

　　从广义上说，淡水鱼是指能生活在盐度为千分之三的淡水中的鱼类。从狭义上说，淡水鱼是指部分或全部时间生活在淡水中的鱼类，见表 2-1-1。

　　淡水鱼是最常见的淡水生物。虽然地球上淡水的面积较少，但淡水鱼种类却异常丰富，占总鱼类的 41.2%。

表 2-1-1 西餐中常用的淡水鱼

名称	图片	简介
鳟鱼 （trout）		鳟鱼属鲑目、鲑科，是一类很有价值的垂钓鱼和食用鱼，原产于美国加利福尼亚的洛基塔山麓的溪流中，品种很多，常见的有金鳟、虹鳟、湖鳟、三文虹鳟等品种，是西方人喜欢食用的鱼类。鳟鱼能生活在水温较低的江河、湖泊中，世界上的温带国家均有出产，以丹麦和日本的鳟鱼最著名。鳟鱼肉质坚实，小刺少，味道鲜美，适合煮、烤、煎、炸等烹调方法
鲟鱼 （sturgeon）		我国是鲟鱼品种最多，分布最广，资源最为丰富的国家之一。鲟鱼是世界上唯一生活在水中的活化石，是所有鱼类中营养价值最高的一种鱼类。鲟鱼生鱼片口感鲜嫩、脆、滑，其软骨（鲟鱼通体软骨）、皮、鳍、肝、肠等可烹制成各种菜肴。鲟鱼子也是高档原料，可制成黑鱼子酱。烹调鲟鱼的方法一般为刺身、烤、蒸、入汤等
鳗鱼 （eel）		鳗鱼又称鳗鲡、青鳝、白鳝，又分河鳗和海鳗。河鳗大部分时间都生活在淡水中，只有在产卵期才游往大海；海鳗则始终生活在海洋中，躯体比河鳗大。河鳗在无法回海时，也能在淡水中永久生存，但不能生育繁殖。鳗鱼肉硬实，但很细嫩，油性较大，无小刺，表皮光滑并肥厚，营养价值极高，适用于油炸、烤、煮等烹调方法

2. 海水鱼类原料（见表 2-1-2）

表 2-1-2 西餐中常用的海水鱼

名称	图片	简介
鲑鱼 （salmon）		鲑鱼又名三文鱼，因为只能在无污染、低水温、高溶氧的大流量水中生存，是世界著名的海水鱼类之一，主要分布于太平洋北部及欧洲、亚洲、美洲的北部地区。鲑鱼的品种有红鲑、大马哈鲑、细鳞鲑等，我国主要产大马哈鲑。鲑鱼以挪威产量最大，且名气很大，而质量最好的鲑鱼产自美国的阿拉斯加海域和英国的英格兰海域。鲑鱼的肉质紧密鲜美，肉色为粉红色并有弹性
金枪鱼 （tuna）		金枪鱼又称青干，译音为吞拿鱼，是海洋暖水中上层结群洄游性鱼类，是名贵的西餐烹调原料。金枪鱼是生活在海洋中上层里的鱼类，分布在太平洋、大西洋和印度洋的热带、亚热带和温带广阔水域，是一种大洋性鱼类。我国南海金枪鱼的资源很丰富，台湾省的金枪鱼渔业比较发达。我国金枪鱼的产量名列世界第四位，仅次于日本、美国和菲律宾。金枪鱼的体形大，呈纺锤形，背部青褐色，有淡色斑纹，头大而尖，尾细小，有两个背鳍，几乎相连，背鳍和臀鳍后方都有 8 ~ 10 个小鳍，一般长 50cm，有的可达 100cm，两头尖，中间厚，像颗炸弹，鳞片细小，全身光滑。金枪鱼肉色暗红，肉质坚实，无小刺，可制作罐头、鱼干、冷菜，也可用煎、炸、炒、烤等方法制作菜肴
鳕鱼 （cod fish）		鳕鱼又名大头青、大口鱼、大头鱼、明太鱼、水口鱼、阔口鱼、大头腥、石肠鱼等，分布于北太平洋，我国产于黄海和东海北部，属凉水性底层鱼类。鳕鱼体长，稍侧扁，尾部向后渐细，头大，口大，一般体长 25 ~ 40cm，重 300 ~ 750g；头背及体侧为灰褐色，并具有不规则的深褐色斑纹，腹面为灰白色。品种有黑线鳕鱼、无须鳕鱼、银须鳕鱼等。鳕鱼每百克肉含蛋白质 16.5g、脂肪 0.4g。其肉质白细鲜嫩，清口不腻、世界上不少国家把鳕鱼作为主要食用鱼类之一。除鲜食外，鳕鱼还可加工成各种水产食品，无小刺。此外，鳕鱼肝大，且含油量高，是提取鱼肝油的原料

（续表）

名称	图片	简介
沙丁鱼（sardine）		沙丁鱼是一些鲱鱼的统称，是世界最重要的经济鱼类之一。广泛分布于南北纬度在6°～20°和等温带海洋区域中，春季和夏季沙丁鱼生活在近海，但其他季节会转移到深海里。当它们在近海时，会经常遇到海鸟的袭击，同时也会被人类捕杀。沙丁鱼的体形较小，成年沙丁鱼体长约26cm，臀鳍最后两鳍条扩大。沙丁鱼鱼体侧扁，两鳍条扩大，主要有银白色、金黄色等品种。沙丁鱼脂肪含量高，味道鲜美，主要用于制作罐头，或用于番茄沙司或芥末沙司
鳀鱼（anchovy）		鳀鱼又称黑背鳀鱼、银鱼、小凤尾鱼，是世界重要的小型经济鱼类之一，分布于世界各大海洋中，在我国的东海、黄海有丰富的鳀鱼资源。鳀鱼体长，侧扁，长13cm，银灰色，肉色粉红，肉质细嫩，味道鲜美。鳀鱼在西餐厨房中常见的多为罐头产品，俗称"银鱼柳"，被广泛使用于西餐烹调中，属上等原料
比目鱼（sole）		比目鱼是世界主要经济海产鱼类，分布在大西洋、太平洋、白令海峡及许多内海地区，以美国阿拉斯加海域所产质量最好。比目鱼的鱼体扁平像一个薄片，长椭圆形，头小，呈灰白色，有细鳞，有不规则的斑点或斑纹，两眼都长在右侧，左侧常常朝下，卧在沙底。比目鱼品种较多，常见的有鲆、鲽、鳎三种，其中舌鳎的质量最差。比目鱼肉质细嫩，色白，味美，全身仅有1根脊椎大刺，无小刺，适用于各种烹调方法

二、贝壳类原料

贝壳类水产品带有软壳或硬壳，其外形和结构与鱼类最大的区别是没有鱼鳍和鱼脊骨。贝壳类水产品又可分为甲壳类水产品和软体水产品。

1. 甲壳类水产品（见表2-1-3）

表 2-1-3 西餐中常用的甲壳类水产品

名称	图片	简介
龙虾 (lobster)	波士顿龙虾　　澳洲龙虾 锦绣龙虾　　中国青龙虾	龙虾属于节肢动物门、甲壳纲、十足目、龙虾科动物，属爬行类，体长一般在 20～40cm 之间，一般重 0.5kg 左右，最重的能达到 5kg 以上。龙虾是海洋中最大的虾类，以澳大利亚和南非所产质量为佳，经常食用的龙虾主要有波士顿龙虾、澳洲龙虾、锦绣龙虾、中国青龙虾等。优质龙虾尾巴较灵活，四对足，两个大爪，外壳深绿色，烹调后呈红色。一般活的龙虾烹调后肉质坚实，死龙虾烹调后肉质松散。龙虾的纤维组织少，肉多汁，肉质坚实，有弹性，味道鲜美，经济价值很高，是较名贵的水产品。龙虾在西餐中既能做冷菜也能做热菜，属高档烹调原料
蟹 （crab）	雪　蟹　　珍宝蟹 花　蟹	蟹又称螃蟹，为节肢动物，属十足目、短尾亚目，淡水、咸水皆产，品种繁多。目前全世界蟹的品种多达 6000 余种。我国的蟹资源也十分丰富，种类大约有 600 多种。大多数的蟹类生活在海中，以热带浅海种类最多，如方蟹科、沙蟹科等生活在广阔的潮间带，玉蟹科、扇蟹科、梭子蟹科等主要生活在沿岸带。蟹头部有两只大螯，另有八只脚，全身略呈梭形；雄蟹尖脐，雌蟹圆脐。蟹肉质外红内白，鲜嫩味美，以产于深海、体形大的为佳

2. 软体水产品（见表 2-1-4）

表 2-1-4 西餐中常用的软体水产品

名称	图片	简介
牡蛎 （oyster）		牡蛎又称蚝，属无脊椎动物，瓣鳃纲，多分布于热带和温带，我国自渤海、黄海至南沙群岛均产。牡蛎的壳形不规则，大小、厚薄因种而异。左壳（或称下壳）较大而凹，附着在岩石或石板上，右壳（或称上壳）较小而平，掩覆如盖。牡蛎无足及足丝，闭壳肌仅有 1 个，外套膜外长着多数小触手，是感觉器官。牡蛎肉味鲜美，含有丰富蛋白质、脂肪和肝糖，可以鲜食或烹食，也可加工制成蚝豉或蚝油

（续表）

名称	图片	简介
扇贝 （scallop）		扇贝喜栖浅海水流轻急的清水中，用足丝固定在海底岩礁或沙石上。扇贝是名贵的海产双壳贝类，有特别肥大的闭壳肌，闭壳肌可取出冷冻，成为冻鲜贝，也可制成干制品，称之为干贝。扇贝的肉质细嫩，味道鲜美，营养丰富，蛋白质含量达 60% 以上，比鸡蛋高 4 倍
海虹 （mussel）		海虹又称青口或青口贝，个体较小，呈椭圆形，前端呈圆锥形，青黑色相间，有圆心纹。海虹肉质鲜美，有弹性，大多为鲜活原料，可带壳也可去壳食用
蛤 （clam）		蛤的品种很多，一般可分为体积较大的蛤（chowder）、中等体积的蛤（cherrystone）、小蛤（littleneck）。蛤肉鲜美可口，营养价值高，烹调方法主要是炒、烧、蒸或煮，西餐中可带壳或将肉取出后使用
蜗牛 （snail）		蜗牛属无脊椎动物，软体动物门、腹足纲、肺螺亚纲、柄眼目、蜗牛科。食用蜗牛具有肥大的足和头，其中含有人体所需的全面均衡的营养成分，其蛋白质的含量居世界动物之首。食用蜗牛主要有法国蜗牛、意大利庭院蜗牛及玛瑙蜗牛三种 （1）法国蜗牛——又称苹果蜗牛、葡萄蜗牛，壳厚，呈茶褐色，中间有一条白带。其肉质滑嫩，质量好，是同类产品中的佼佼者 （2）意大利庭院蜗牛——外壳为黄褐色，有斑点。肉有褐色和白色两种，其肉质较好 （3）玛瑙蜗牛——原产于非洲，又称非洲大蜗牛。外壳较大，壳身有花纹，呈黄褐色，肉为浅褐色，肉质一般
鱿鱼 （squid）		鱿鱼的体形细长，头部像乌贼，长有 8 个腕，其中 3 个特别长，躯体的后半长有肉鳍，左右两鳍在末端相连，彼此合并呈菱形，鱿鱼体长一般为 25cm，适用于水煮、油炸、铁扒等

（续表）

名称	图片	简介
章鱼 （octopus）		章鱼广泛分布于世界各海域，约有 140 种，大部分为浅海性种类，也有少数深海性种类。章鱼的头部两侧眼径较小，头前和口周围有 4 对腕，长度相近或不等。重 500 ～ 1000g 的章鱼肉质最好

思考题

1. 淡水鱼是否只能生活在淡水中？

2. 鳕鱼在烹饪时为何不宜切块太小？

3. 比目鱼因何而得名？

4. 龙虾主要分布于哪类海域？

模块二
奶制品、谷类及蛋品

学习目标

1. 掌握牛奶的种类及其在西餐烹调中的应用。
2. 掌握奶油的种类及其在西餐烹调中的应用。
3. 掌握黄油在西餐烹调中的应用。
4. 掌握奶酪的种类及其在西餐烹调中的应用。
5. 掌握蛋品的种类及其在西餐烹调中的应用。

一、奶制品

奶制品又称乳制品，是用奶类作为基础原料加工而成的食用品。这些食用品人体较容易吸收，能增加食欲、促进肠胃消化，并且富含人体所需的各种蛋白质及营养成分。

1. 牛奶（见图 2-2-1）

牛奶主要由水、脂肪、磷脂、蛋白质、乳糖、无机盐等组成。牛奶的主要化学成分含量为：水分 87.5%、脂肪 3.5%、蛋白质 3.4%、乳糖 4.6%、无机盐 0.7%。组成人体蛋白质的氨基酸有 20 种，其中有 8 种是人体本身不能合成的必需氨基酸。人们摄入的蛋白质中如果包含了所有的必需氨基酸，这种蛋白质便叫作全蛋白，牛奶中的蛋白质便是全蛋白。

图 2-2-1 牛奶

（1）种类牛奶根据产奶的时段可分为初乳、常乳及末乳，如图 2-2-2 所示。

初乳
奶牛从产奶开始一周内所产的奶，颜色发黄，有特殊气味，一般用来喂养牛犊，不作烹饪原料

末乳
奶牛产奶第 305 ～ 365 天内所产的奶，其奶具有苦而微咸的味道，并带有油脂氧化味。此时，应停止挤奶，市场不供应此奶

常乳
奶牛产乳七天以后 300 ～ 305 天这一时期的所产的奶，其化学成分趋于稳定，可作烹饪原料和加工乳制品的主要原料

图 2-2-2 牛奶分类

（2）如何鉴别牛奶品质（见表 2-2-1）

表 2-2-1 牛奶品质鉴定表

	新鲜奶	变质奶
色泽	乳白色、颜色略带浅黄、无凝块、无杂质	颜色浑浊、带有凝块、呈棉絮状
气味	奶香浓郁、无特殊气味	有酸味或其他刺激性气味
口感	入口滑爽，口味略甜，带有一点厚实感	入口酸，略带苦涩，脂肪与水分离所造成

（3）保存。新鲜牛奶一般采用冷藏法，可以储存在 0 ～ 4℃的冰箱内。由于牛奶是很不容易保存的，并且在一定的情况下还会带有病菌，所以牛奶需要加热杀菌。牛奶主要的热处理方法包括巴氏杀菌和超高温热处理。

图 2-2-3 奶油

2. 奶油（见图 2-2-3）

（1）种类。奶油分为动物性和植物性奶油。动物性奶油以乳脂或牛奶制成，植物性奶油的主要成分则是棕榈油和玉米糖浆。奶油的脂肪含量很高，大约是牛奶的 5 倍。奶油中维生素 A 的含量也较高。

（2）制作方法。目前提取奶油的方法一般为离心法，就是利用离心搅拌机使奶油分离出来。还可以用手工制作奶油，就是将全脂奶静置，牛奶中的脂肪微粒会慢慢浮上牛奶表面，一点点凝固，这层颜色略带黄色的物质就是奶油，此法非常费时，且效率很低，一般不用。

（3）质量鉴别。优质奶油有浓郁的奶香味，口感细腻，无凝块及杂物；而劣质奶油颜色偏黄且有块状物，会有少许金属味。

（4）保存。奶油一般采用冷藏法保存。鲜奶油保存温度为 2 ~ 4℃。奶油制品在常温下 24h 后会产生大量细菌，不能食用。

3. 黄油（见图 2-2-4）

黄油是以全脂鲜牛奶为原料，经过搅拌、过滤、提炼而成的产物，其主要成分是脂肪，含量在 90% 左右，其余的则为水分、胆固醇，几乎不含蛋白质。

（1）形态。黄油在常温下为浅黄色固体，经过加热融化为液体。

图 2-2-4 黄油

（2）品质鉴别。优质黄油无杂质，气味芬芳有明显乳香味，加热溶化后无杂质；劣质黄油有异味，切面会有水分渗出，融化后会有很明显的水油分离现象。

（3）保存方法。黄油一般采用冷藏法。假如需长时间保存黄油的话，可以存放在 -10℃ 的环境内。

4. 奶酪（见图 2-2-5）

（1）介绍。奶酪又称乳酪、芝士、吉士、忌司等，是一种用哺乳动物的奶液加工而成的天然食品，如牛奶、山羊奶、绵羊奶、水牛奶和马奶。现在绝大部分奶酪是用牛奶制成的，可以直接食用或者入菜。奶酪

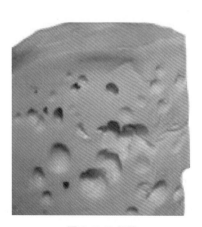

图 2-2-5 奶酪

是由去除液态乳清后的凝乳制成的新鲜或熟化产品，也就是说，是一种保留了最重要组成物质的乳液浓缩物，其中包含了优质生物蛋白、易消化的奶脂及乳糖、重要的维生素、矿物质和微量元素。法国是当今奶酪品种最多的国家，而荷兰则是奶酪出口量最大的国家。

（2）制作方法。将温牛奶注入奶酪容器， 加入奶酪培养菌和凝乳酶，当牛奶凝结成凝乳后，将凝乳切割、搅拌以排出乳清，然后再加热凝乳以便于排出更多乳清，最后根据品种的不同进行加盐、加香、发酵或成形。

（3）奶酪的分类（见表2-2-2）

表2-2-2 奶酪的分类

种类	水分含量	举例	图片
硬质奶酪	≤ 56%	瑞士大孔奶酪	
半硬质奶酪1	54% ~ 63%	高达奶酪	
半硬质奶酪2	61% ~ 69%	红波奶酪	
软质奶酪	≥ 67%	坎布左拉奶酪	
新鲜奶酪	≥ 73%	奶油奶酪	
酸乳奶酪	≥ 60%	哈泽奶酪	

（4）品质鉴别（见表2-2-3）

（5）保存。奶酪一般采用冷藏法保存。用保鲜膜覆盖奶酪表面后放入2 ~ 5℃的冰箱内，湿度控制在90%左右。

表 2-2-3 奶酪的品质鉴别

奶酪类别	品质鉴别
半硬和硬质奶酪	以切口颜色均匀和色泽清晰为质量上乘
带有蓝霉的软质奶酪	有白色外皮，经霉菌熟化，内部奶油色，带有蓝霉味道，奶油味浓郁为佳
新鲜奶酪	以刚生产出来的新鲜乳酪品质为佳，颜色呈白色者较好，而变黄则表示不太新鲜
酸乳奶酪	有新鲜奶香及微酸味，颜色呈白色为新鲜

二、谷类

谷类食物包括米、大麦、小麦、玉米、黑米、荞麦等。除荞麦外，各种谷类种子都是由谷皮、糊粉层、胚乳、胚四个主要部分组成的。谷皮为谷粒的外壳，主要成分为纤维素、半纤维素，食用价值不高。糊粉层除含有较多的纤维素外，还含有较多的磷、B族维生素、无机盐和一定量的蛋白质及脂肪。胚乳是谷类的主要部分，由许多淀粉细胞构成，含大量淀粉和一定量的蛋白质。胚富含脂肪、蛋白质、无机盐、B族维生素和维生素 E。常见的谷类品种见表 2-2-4。

表 2-2-4 谷类的品种

名称	图片	简介
粳米		粳米形短、圆，色蜡黄，透明或半透明，米质紧密，硬度大，不易碎
籼米		籼米呈长椭圆形或细长形，米粒较粳米更长，色灰白，半透明或不透明，米质疏松，硬度小，易碎

（续表）

名称	图片	简介
黑米		黑米是由禾本科植物稻经长期培育形成的一类特色品种，呈黑色或黑褐色，营养丰富，是世界名贵的稻米
小麦		小麦是人类最早种植、世界分布最广、最重要的谷类作物之一，属禾本科单子叶植物，小麦籽粒也是由皮层、糊粉层、胚、胚乳组成，其中胚乳是面粉的主要原料。面粉是制作西点和面包的主要原料。在西餐中最常用的面食之一，就是意大利面条(pasta)。意大利面条是由硬料小麦、面粉和水，加入约5%的鸡蛋制成的。依意大利当地的法律规定，市面上的干制意大利面必须由100%的杜兰小麦磨制成的粗制面粉，再加水揉制成面团制作而成。意大利面条的种类繁多，而且不同面条用于不同的菜肴中
大麦		大麦的麦杆较软，麦粒比小麦大，蛋白质和脂肪含量比小麦低，一般整粒使用，常用于做汤。大麦还是酿造啤酒以及制麦芽糖的原料
燕麦		燕麦是硬谷类的一种，有裸燕麦和皮燕麦之分，含丰富的蛋白质和脂肪，是所有谷物中食用价值最高的。燕麦可卷成薄片，也可磨成粗、中、细三种燕麦片，常用于做成麦片粥供早餐食用

三、蛋类

蛋类是西餐菜肴中必不可少的组成部分，特别是在早餐的餐桌上。蛋的种类很多，常用的蛋类有鸡蛋、鹌鹑蛋和鸽蛋。

1. 蛋的结构（见图 2-2-6）

蛋壳：完整的蛋壳呈椭圆形，富含碳酸钙，大约占整个鸡蛋比重的11%，厚度大约在0.2～0.4mm

蛋白：又称蛋清，是一种半流动的胶状物质，颜色透明，体积约占全蛋的57%～58.5%

蛋黄：位于蛋的中央，是由蛋黄膜、胚胎和卵黄构成的。蛋黄体积约占全蛋的30%～32%

图 2-2-6 蛋的结构

2. 西餐中常用的蛋品（见表 2-2-5）

表 2-2-5 西餐中常用的蛋品

品种	图片	简介
鸡蛋		鸡蛋一般呈白色或棕红色，鸡蛋中所含营养丰富而全面，是西餐中最常用的蛋品，可用于早餐、色拉、配菜等
鹌鹑蛋		鹌鹑蛋个体较小，表面带有黑褐色斑纹，重约10g，可作为配菜及菜肴装饰
鸽蛋		鸽蛋呈白色，重约15g，与其他蛋品不同的是成熟后的鸽蛋蛋白呈透明状，可作为配菜及菜肴装饰

思考题

1. 奶制品有哪些？

2. 牛奶根据产奶时间可分为哪几类？

3. 大麦和小麦的主要用途各为什么？

4. 蛋的结构是怎样的？

5. 在西餐中常用的蛋品有哪些？

模块三

腌腊制品

学习目标

1. 掌握腌肉制品的品质及其在西餐烹调中的应用。
2. 掌握香肠制品的品质及其在西餐烹调中的应用。
3. 掌握腌鱼制品的品质及其在西餐烹调中的应用。

腌腊制品是动物性原料经盐、香料等腌制，再经熏制等过程制成的。经过腌制、熏制，可使原料更容易储藏，并具有独特的风味、色泽及嫩度，深受大众的欢迎。在西餐中，腌腊制品常用来制作开胃菜、色拉等菜肴，使用较为广泛。西餐中常用的腌腊制品主要有腌肉制品、香肠制品及腌鱼制品三类。

一、腌肉制品

腌肉制品是用食盐、硝、糖、香辛料等对肉类进行加工处理后得到的产品。其中硝是指硝酸盐和亚硝酸盐，其目的是形成和固定腌肉的颜色，并有防腐的作用（我国《食品添加剂使用卫生标准》中对腌肉制品的亚硝酸盐用量有严格规定，食品中亚硝酸盐含量超标会引起食用者头晕、乏力、腹泻等症状，严重时还会危及生命）。糖有助于稳定色泽并增添风味。香辛料可增加原料的风味。

腌肉制品在西餐烹调中运用得十分广泛，从生的到熟的，从方形的到圆形的，各式品种应有尽有，见表2-3-1。腌肉制品便于长时间储存，食用也比较方便，深受广大食客的欢迎。不管是国内还是国外，腌肉制品都有着悠久的历史和传统精湛的制作工艺，其中以意大利、西班牙以及德国的腌肉制品最为著名。

表 2-3-1 常用腌肉制品的品种

品种		图片	简介
火腿 (ham)	方火腿		方火腿又称三明治火腿，采用猪后腿肉，经过盐和香料的腌渍，打碎、加入其他辅料，再热加工成形。使用比较广泛，属经济型产品
	烟熏整只火腿		一般是把整只猪后腿用盐干擦其表面，然后再把它腌浸在加有香料的盐卤中，根据不同的要求，腌数日，再经过风干、熏制而成，有带骨和不带骨、生和熟之分
	风干火腿（帕玛尔火腿）		将整只猪后腿腌浸在加有香料的盐卤中多日，再经过紧压，在一定的湿度要求下长期风干制成。这种风干火腿颜色红润，口味独特
培根（bancon）			也叫烟肉和咸肉，是西餐中被广泛应用的肉制品。传统培根是用猪五花肉去骨成形、加入干盐或盐的混合物、糖、香料腌制后风干，再经过长时间的烟熏而制成的。培根拥有较好的口感，通常出现在早餐的餐桌上，能煎、能烤，搭配各种蔬菜或者鸡蛋，此外还能作为配菜增加菜肴的风味

二、香肠制品

香肠一词来自于拉丁语"salsus"，意思是"经过盐腌之物"，是从前出于保存肉类食品的目的，而将肉绞碎后装进羊肠或者猪肠里制成的食品。香肠可以用来做色拉、三明治，也能做肉类拼盘以及披萨、开胃小食等。

根据原料肉的种类、使用部位、制作过程、肠衣等不同，可以做出各式各样的香肠（见表 2-3-2 ）。目前生产香肠最多的国家是德国，香肠品种超过 3000 种，极具特色，其中很多是依照出产地来命名的。

表 2-3-2 西餐常用香肠的种类

名称	图片	简介
博洛尼亚香肠（Bologna sausage）		在意大利博洛尼亚近郊生产制造，因而得名。用牛肠或者直径 36mm 以上的人工肠衣填装的粗香肠。博洛尼亚香肠的高级品只用猪肉或牛肉来填充，而标准品的原料肉内则含有其他家畜肉
法兰克福香肠（Frankfurter sausage）		用猪肉或直径 20～36mm 的人工肠衣填装制成的中型香肠。法兰克福香肠的高级品只用猪肉或牛肉来填充，标准品则使用其他家畜肉或添加一些鱼肉等
维也纳香肠（Vienna sausage）		维也纳香肠是用羊肠或直径不到 20mm 的人工肠衣填装制成的细条香肠。此类香肠目前在日本是最普遍的香肠
里奥纳香肠（Riona sausage）		用绞得较细烂的猪肉、牛肉添加青豆及蘑菇后填装入小肠或者牛盲肠制作而成。还可以添加奶酪和其他蔬菜（如红椒），使香肠更具风味
萨拉米香肠（Salami sausage）		将牛腿肉、猪腿肉、肥猪肉剁细，添加朗姆酒后装入牛大肠里，长时间熟成后干燥制成的香肠。萨拉米香肠的切面有均匀的脂肪颗粒分布，形态美观，因而可以制成冷菜及用作装饰
生香肠（fresh sausage）		生香肠是将生的猪肉、牛肉剁细调味后直接装入肠衣制成的。和其他香肠不一样，此类香肠完全没有经过盐腌、干燥、加热等加工过程，在食用前要先煮或炒熟，食用期限也比较短，口味相比干香肠略微清淡

三、腌鱼制品

腌鱼制品是将鱼用盐、香辛料等通过腌制、烟熏等手法制成的，可延长保质期，并增加风味。

1. 烟熏三文鱼

烟熏三文鱼是因纽特人创造的。他们发现三文鱼经过盐腌渍，再经过烟熏后能延长保存的时间。烟熏三文鱼有着与新鲜三文鱼完全不同的色泽、口感（见表 2-3-3），深受大众的喜爱，因此在西餐中烟熏三文鱼运用广泛，常出现于自助餐、冷菜及配菜中。

表 2-3-3　烟熏三文鱼与新鲜三文鱼的区别

	烟熏三文鱼	新鲜三文鱼
色泽		
口味	烟熏三文鱼通常直接食用，味道浓郁，入口绵软，有淡淡的烟熏味，营养丰富	新鲜三文鱼可直接食用，也可熟制后食用，肉质紧密鲜美

2. 鱼子制品

鱼子制品常用鱼子通过腌制等手法制成，在西餐菜肴中常用于配菜及开胃菜，是较为名贵的原料。鱼子制品常以鱼子和鱼子酱的形式存在。

（1）鱼子与鱼子酱的区别（见表 2-3-4）

表 2-3-4　鱼子与鱼子酱的区别

名称	制作方法	浆汁	状态
鱼子（roe）	由新鲜鱼子腌制而成	少	颗粒状
鱼子酱（caviar）	在鱼子的基础上加工而成	多	半流质胶状

（2）鱼子酱的种类（见图 2-3-1）

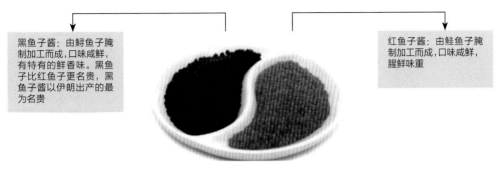

黑鱼子酱：由鲟鱼子腌制加工而成，口味咸鲜，有特有的鲜香味。黑鱼子比红鱼子更名贵，黑鱼子酱以伊朗出产的最为名贵

红鱼子酱：由鲑鱼子腌制加工而成，口味咸鲜，腥鲜味重

图 2-3-1 鱼子酱的种类

思考题

1. 培根的颜色为何会发红？

2. 目前生产香肠最多的国家是哪个？

3. 腌鱼制品有哪些？

4. 鱼子酱有哪些品种？

5. 香肠有哪些品种？

实务篇
CHAPTER 3

模块一

烹调原料的初加工与品质鉴别

学习目标

1. 了解蔬菜类原料的品质鉴别。
2. 熟悉畜类原料的初加工。
3. 熟悉禽类原料的初加工。
4. 熟悉水产类原料的初加工。
5. 掌握肉类原料的品质鉴别。
6. 掌握水产类原料的品质鉴别。
7. 掌握蛋品的品质鉴别。

西式烹调原料的初步加工包括蔬菜的摘、洗、切，动物原料的宰杀、分档切配、整鸡整鸭脱骨、内脏清洗，干货涨发等。原料初加工是西餐烹调的第一步，直接关系到所烹制的菜点是否达到色、香、味、形、器、养俱佳的基础工序。西式烹调原料的初步加工必须保证原料的清洁卫生、新鲜，保存原料的营养成分，合理使用原料，保护原料的色、香、味、形。

烹调原料品质鉴定，就是根据各种烹调原料外部固有的感官特征的变化，运用一定的检验手段和方法，以判定原料的变化程度和质量优劣的过程。它包括原料固有的品质、原料的纯度和成熟度、原料的新鲜度等方面。

烹调原料品质鉴定方法主要有理化鉴定与感官鉴定两种。理化鉴定是利用仪器、机械或化学试剂进行鉴定，以确定原料品质的好坏。感官鉴定是在对烹调原料应有的感观现状了解的基础上，通过人们的眼、耳、鼻、舌、手等各种感官进行感知，来比较、分析、判断确定其品质的检验方法。常用的感官鉴定方法有嗅觉、味觉、视觉、听觉与触觉检验五种。

一、畜类原料的初加工

1. 畜类原料初加工的基本要求

畜类原料初加工的基本要求有：（1）要放净血；（2）燖毛要干净；（3）要将血污冲洗干净；（4）要剔除影响菜点质量的不良部位；（5）整理后的各部分分别放置保藏；（6）注意节约，提高利用率。

2. 畜类原料初加工的基本方法

（1）畜肉切割分档（以牛肉切割为例，见图 3-1-1）

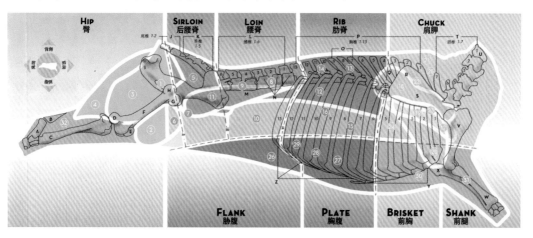

骨骼结构语 Bone Structure Nomenclature

A. 跗骨	P. 脊柱
B. 跗关节骨	Q. 肩胛骨软骨
C. 胫骨	R. 肩胛软骨
D. 膝关节	S. 肩胛
E. 膝盖骨	T. 颈骨
F. 大腿骨	U. 寰椎骨
G. 大腿骨球	V. 肱骨
H. 大腿骨结节	W. 尺骨（只表示）
I. 盆骨	X. 桡骨（只表示）
J. 尾骨	Y. 胸骨
K. 荐骨	Z. 肋软骨
L. 腰骨	i. 肩胛 / 肋骨分间
M. 脊骨	ii. 肋骨 / 腰脊分间
N. 腰椎横突	iii. 前腰脊分间
O. 羽骨	iv. 后腰脊 / 臀分间

臀 / 后腿 Hip Section
1 去骨牛后腿肉
2 精修骨肉（和尚头、牛霖）
3 内侧后腿肉（上后腿肉、米龙）
4 外侧后腿肉（鹅颈）

后腰脊 Sirloin Section
5 上后腰脊肉
5 上后腰脊肉，去臀盖
5 臀盖肉
6 下后腰脊肉，球端肉
7 下后腰脊，三角肉

牛腰脊 Loin Section
8 带骨前腰脊肉（T骨）
9 前腰脊肉（西冷）
10 下后腰脊翼板肉
11 里脊肉（牛柳）

牛肋脊 Rib Section
12 肩胛切肉
13 带骨肋脊
14 牛肋眼肉（肉眼）
15 牛肋骨（牛仔骨、三支骨）
15 去骨牛小排
16 牛肋条

后腰脊 Sirloin Section
17 上肩胛肉，长切
18 上肩胛肉（板腱）
19 肩膀里脊
20 牛胸肌
21 带骨肩胛
22 肩胛里脊（黄瓜条）
23 肩胛翼板肉
24 肩胛小排（四支骨）

后腰脊 Sirloin Section
25 去骨肩胛小排（三角肥牛）
23 去骨肩胛肉条

牛肋腹 Flank Section
26 肋腹肉排

牛胸腹 Plate Section
27 胸腹肉（肥牛）
28 外侧腹横肌
29 内侧腹横肌

牛前胸 Brisket Section
30 带骨牛前胸
30 牛前胸肉

牛小腿 Shank Section
31 牛前小腿
32 牛后小腿

图 3-1-1 牛肉切割分档

（2）副产品切割分档（以牛副产品切割为例，见图3-1-2）

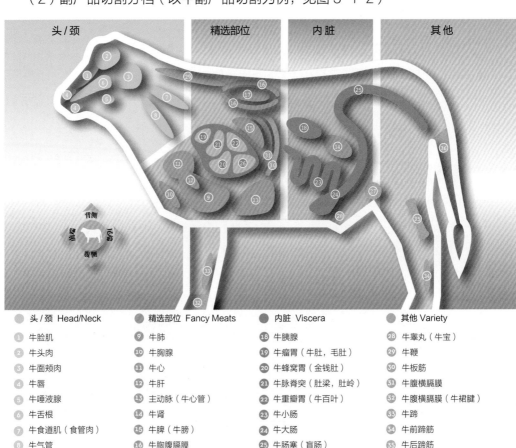

头/颈 Head/Neck	精选部位 Fancy Meats	内脏 Viscera	其他 Variety
① 牛脸肌	⑨ 牛肺	⑱ 牛胰腺	㉘ 牛睾丸（牛宝）
② 牛头肉	⑩ 牛胸腺	⑲ 牛瘤胃（牛肚，毛肚）	㉙ 牛鞭
③ 牛面颊肉	⑪ 牛心	⑳ 牛蜂窝胃（金钱肚）	㉚ 牛板筋
④ 牛唇	⑫ 牛肝	㉑ 牛脉脊突（肚梁，肚岭）	㉛ 牛腹横膈膜
⑤ 牛唾液腺	⑬ 主动脉（牛心管）	㉒ 牛重瓣胃（牛百叶）	㉜ 牛腹横膈膜（牛裙腱）
⑥ 牛舌根	⑭ 牛肾	㉓ 牛小肠	㉝ 牛蹄
⑦ 牛食道肌（食管肉）	⑮ 牛脾（牛膀）	㉔ 牛大肠	㉞ 牛前蹄筋
⑧ 牛气管	⑯ 牛胸腹膈膜	㉕ 牛肠塞（盲肠）	㉟ 牛后蹄筋
	⑰ 牛横膈肌	㉖ 牛皱胃	㊱ 牛髓骨
		㉗ 牛尾	㊲ 牛尾

图 3-1-2 牛副产品部位示意图

（3）家畜类内脏的初步加工

1）翻洗法。翻洗法是指将肠、肚的内里向外翻出清洗的方法。肠和肚里面有消化物，十分污秽且油腻，如果不翻转清洗，就无法清洗干净。

2）搓洗法。搓洗法是指加入食盐或明矾、醋搓揉内脏，然后用清水洗涤的方法。这种方法的作用是能去除黏液、油腻、污物，常用于清洗肠、肚。

3）烫洗法。烫洗法是指把初步清洗过的内脏放进热水中略烫，使黏液凝固、白膜收缩松离的方法。这种方法便于清除黏液和白膜，同时能在一定程度上去除腥臭异味。清洗肚、舌常用此法。使用此法须注意水温，不同内脏所用水温不同。

4）刮洗法。刮洗是指用刀刮去内脏表面污物。这种方法通常要配合烫洗法进行。

5）灌洗法。灌洗法是指将清水灌进内脏内，当挤出水分时，把污物同时带出的方法。这种方法常用于清洗猪肺、牛肺。因为肺中的气管和支气管组织复杂，气泡多，里面的污物、血污不易从外部清洗，所以要用这种方法来清洗。

6）挑洗法。挑洗法是指挑出并洗去脑和脊髓表面的一层血筋膜的方法。由于脑和脊髓十分细嫩，直接放在水中冲洗会使其破损，因此宜用牙签或小竹枝轻轻挑出血筋膜，再用清水轻轻冲洗。

二、禽类原料的初加工

1. 禽类初步加工的要求

用于西餐烹调的禽类主要有鸡、鸭、鹅、鸽等。在初步加工时应认真细致，特别要注意以下几点：（1）宰杀时血管、气管必须割断，血要放尽；（2）煺毛时要掌握好水的温度和烫制的时间；（3）物尽其用；（4）洗涤干净。

2. 禽类初步加工的方法

家禽初步加工的步骤主要有：宰杀、烫泡煺毛、开膛取内脏、洗涤及内脏洗涤等。开膛取内脏的方法有：（1）腹开；（2）背开；（3）肋开。

3. 禽类内脏及血的洗涤加工

（1）胗。割去前端食肠，将胗划开，去其污物，剥掉黄色筋膜及油脂，洗净即可。

（2）肝。摘掉附着在上面的苦胆，洗净即可。

（3）肠。先去掉附着在上面的两条白色胰脏，然后顺肠剖开，加盐、醋、明矾搓洗去掉肠壁上的污物、黏液，再反复用清水洗净。

（4）血。将已凝结的血块放入开水锅中，煮熟捞出即可。

三、水产类原料的初加工

1. 水产品初步加工的要求

水产品在切配、烹调之前，一般须经过宰杀、刮鳞、去鳃、去内脏、洗涤、分档等初步加工过程。在对水产品进行初加工时，必须符合以下要求：（1）除尽污秽杂质；（2）

根据烹调要求加工；（3）根据水产原料的不同品种分别进行加工；（4）合理取料、物尽其用。

2. 水产品初步加工的方法

（1）鱼类的初步加工。根据鱼的形状和性质，鱼类的加工方法大致可分为去鳞、褪沙、剥皮、泡烫、宰杀、摘洗等步骤。

（2）虾类的初步加工。用于烹调的虾类主要有对虾、沼虾等，它们的初步加工方法如下。

1）对虾（又名明虾、斑节虾）。先将虾洗净，再用剪刀剪去虾枪、眼、须、腿，用虾枪或牙签挑出头部的砂布袋和脊背处的虾筋和虾肠。

2）沼虾（亦称青虾）。剪去虾枪、眼、须、腿，洗净即可。由于沼虾每年在4-5月份产卵，在加工时要将虾卵收集起来加以利用。

四、肉类原料的品质鉴别

1. 肉类的品质鉴别（见表3-1-1）

表3-1-1 肉类品质鉴别

	新鲜肉	次鲜肉	变质肉
色泽	肌肉有光泽，红色均匀，脂肪洁白	肌肉色泽稍暗，脂肪缺乏光泽	肌肉无光泽，脂肪呈灰绿色
黏度	外表微干或微湿润，不黏手	外表干燥或黏手，新切面湿润	外表极度干燥或黏手，新切面发黏
弹性	放手后指压凹陷立即恢复	放手后指压凹陷恢复较慢，且不能完全复原	放手后指压的凹陷不能恢复，并留有明显痕迹
气味	具有新鲜猪肉正常气味	有氨气味或醋酸味	有尸臭味
肉汤	透明清澈，脂肪团聚于表面，具有香味	稍有浑浊，脂肪呈小滴浮于表面，无鲜味	有黄色絮状物，脂肪极少浮于表面，有臭味

2. 畜类内脏的品质鉴别（见表 3-1-2）

表 3-1-2 畜类内脏品质鉴别

	新鲜内脏	次鲜内脏	变质内脏
肝	色红润，质细，肝叶小而完整	柔润，坚实有弹性，有肝的正常气味	色暗无光，粗糙，质碎、发软，表面萎缩有皱纹，有腐臭气味
腰	色白或浅黄，柔润，有光泽	坚实有弹性，有轻度膻臊味	无光泽，呈灰白或青灰色
肚	体大、胃壁坚实，黏液多	有光泽，色浅黄，有弹性，有正常内脏气味	无光泽，弹性差，白中带黄色，黏液少，有腐臭气味
心	体大、坚实、有弹性	有光泽，色红，柔润，挤压有鲜血排出	无光泽，呈棕黑或灰白色，萎缩，挤压无血液排出，有腐臭气味
肠	色白或黄，柔润，体大无污染	色泽发白，黏液多，有正常内脏气味	青白色，黏液干而少，腐臭气味严重
舌	舌体完整，无污染，色白中透红	柔润，无异味，坚实有弹性	色棕黑，干缩，弹性差，有腐臭味
肺	肺叶完整，色红润	肺叶无破洞，有鲜血流出，无异味	色灰白带青，无鲜血流出，有腐臭气味

五、水产类原料的品质鉴别

1. 鱼类的品质鉴别（见表 3-1-3）

表 3-1-3 鱼类品质鉴别

	新鲜鱼	次鲜鱼
体表	有光泽，鳞片完整，不易脱落	光泽较差，鳞片不完整，易脱落
鳃	色鲜红，鳃丝清晰，具有腥味	色淡红、紫红或暗红，鳃丝粘连，稍有异臭，但无腐败臭

（续表）

	新鲜鱼	次鲜鱼
眼	眼球饱满凸出，角膜透明	眼球平坦或稍陷，角膜浑浊
肌肉	坚实，有弹性	松弛，弹性差
肛门	紧缩（产卵期除外）	稍凸出

2. 虾的品质检验

（1）新鲜的虾。新鲜虾头尾完整，爪须齐全，虾尾有一定的弯曲度，虾壳硬度较高，虾身较挺，虾皮色泽发亮、呈青绿色或青白色，肉质坚实细嫩。

（2）不新鲜的虾。不新鲜的虾头尾容易脱落，不能保持原有的弯曲度，虾皮壳发暗，色为红色或灰红色，肉质松软。

3. 蟹的品质检验

（1）新鲜蟹。新鲜蟹身体完整，腿肉坚实，肥壮有力，用手捏有硬感，脐部饱满，分量较重。外壳青色泛亮，腹部发白，团脐有蟹黄，肉质新鲜。好的河蟹动作灵活，翻过来能很快翻转，能不断吐沫却没有响声。海蟹腿关节有弹性。

（2）不新鲜的蟹。不新鲜的蟹腿肉空松，分量较轻，壳背呈暗红色，肉质松软。河蟹行动迟缓不活泼，海蟹腿关节僵硬。

六、蛋品的品质鉴别（见表 3-1-4）

表 3-1-4 蛋品品质鉴别

	新鲜蛋品	陈蛋与腐败蛋
眼看	蛋壳较毛糙，附一层白霜，表面清洁，无裂纹、无碴窝现象	陈蛋表面光滑或灰色；霉蛋壳有霉斑或斑块，多有脏污；臭蛋壳较脏，色泽灰暗并散发臭味

（续表）

	新鲜蛋品	陈蛋与腐败蛋
手摸	压手，不滑，分量重，外壳发涩	滑腻，分量轻
耳听	打蛋时，声音实，似碰击砖头声	声音空洞，有裂纹，贴壳，臭蛋似敲瓦碴子声
光照	气室很小，不移动，完全透光无斑点或斑块，呈暗红、橘黄色	透光度极差，有明显黑影，浑浊不清

七、蔬菜类原料的品质鉴别

1. 蔬菜的品质鉴别

蔬菜的新鲜程度可从蔬菜的含水量、形态、色泽等方面来鉴别。

（1）新鲜蔬菜。新鲜蔬菜形状饱满，表面光滑、水灵、有光泽和特有的鲜艳颜色，无虫点、伤疤，切断面处有较多的汁水流出。

（2）不新鲜蔬菜。不新鲜蔬菜外形已经干枯萎缩，表面发皱，失去光泽或固有的颜色（如变黄）。蔬菜若存放太久，随着呼吸作用和水分的蒸发，会发生枯萎、发芽、脱帮等，使营养成分消耗掉，甚至变质腐烂而不能食用。

2. 常见蔬菜类原料品质鉴定（见表3-1-5）

表 3-1-5 常见蔬菜品质鉴定

名称	图片	特点	品质鉴定
西兰花		西兰花介于甘蓝、花菜之间，主茎顶端形成绿色或紫色的肥大花球，表面小花蕾明显，较松散，不密集成球，以采集花蕾的嫩茎供食用	良质西兰花——菜株的颜色浓绿鲜亮，花球表面无凹凸、花蕾紧密结实，手感较沉重，切口湿润，叶片嫩绿、湿润 次质西兰花——菜株的颜色呈淡绿，花球过硬、花梗特别宽厚结实，切口较为湿润 劣质西兰花——菜株的颜色泛黄，花球表面凹凸、花蕾疏松

（续表）

名称	图片	特点	品质鉴定
大蒜		大蒜的营养丰富，具有特殊的香辛气味，含有大蒜素，具有强大的杀菌力，能治疗多种疾病	良质蒜头——蒜头大小均匀，蒜皮完整而不开裂，蒜瓣饱满，无干枯与腐烂，蒜体干爽无泥，不带须根，无病虫害，不出芽 次质蒜头——蒜头大小不均匀，蒜瓣小，蒜皮破裂，不完整 劣质蒜头——蒜皮破裂，蒜瓣不完整，有虫蛀，蒜瓣干枯失水或发芽，变软、发黄、有异味
马铃薯		马铃薯又名土豆，呈椭圆形，有芽眼，皮有红、黄、白或紫色，肉有白色或黄色，淀粉含量较多，口感脆质或粉质	良质马铃薯——薯块肥大而匀称，皮脆薄而干净，不带毛根和泥土，无干疤和糙皮，无病斑，无虫咬和机械外伤，不萎蔫、不变软，无发酵酒精气味，薯块不发芽，不变绿 次质马铃薯——与良质者相比较，薯块大小不均匀，带有毛根或泥土，并且混杂有少量带疤痕、虫蛀或机械伤的薯块 劣质马铃薯——薯块小而不均匀，有损伤或虫蛀孔洞，薯块萎蔫变软，发芽或变绿，并有较多的虫害、伤残与腐烂气味
番茄		番茄又名西红柿，一年生蔓性草本植物，果瓤脆嫩，味甜多汁，含有丰富的矿物质和多种维生素	良质番茄——表面光滑，着色均匀，四分之三以上呈饱满的红色或黄色。果实大而均匀饱满，果形圆整，不破裂，只允许果肩上部有轻微的环状裂痕或放射性裂痕，果肉充实，味道酸甜适口，无筋腐病、脐腐病和日烧病害和虫害 次质番茄——果实着色不均或发青，成熟度不好，果实变形而不圆整，呈桃形或长椭圆形，果肉不饱满、有空洞 劣质番茄——果实有不规则的瘤状突起（瘤状果）或果脐处与果皮处开裂（脐裂果），果实破裂，有异味，有筋腐、脐腐、日烧等病害或虫蛀孔洞

（续表）

名称	图片	特点	品质鉴定
生菜		生菜植株矮小，叶为扁圆、卵圆或狭长形	生菜以不带老帮，无黄叶、烂叶，包心，无病虫害，不带根和泥土者为佳

3. 蔬菜的保管方法

蔬菜一般采用低温保藏法，温度最适宜为 2 ~ 5℃，不可过低，以免受冰冻。

思考题

1. 何谓烹调原料初加工？

2. 什么是烹调原料品质鉴定？烹调原料品质鉴定有哪些主要方法？

3. 新鲜肉、鱼、蛋的特征是什么？

4. 家畜初步加工的方法主要有哪些？

5. 如何鉴别新鲜蔬菜？

模块二

西餐创新技巧

学习目标

1. 了解西餐菜肴创新公式。
2. 了解西餐菜肴创新烹调技法。
3. 熟悉西餐菜肴创新公式的应用。

一、西餐创新思路与公式

近年来，很多国家与地区的高级厨师已开始对全世界各种美食进行集中研究，并注入新的概念。他们把历史上各民族固有的饮食文化优点与本地区的日常生活相结合，因地制宜地、相得益彰地创作出许多无国界的融合菜肴，让世界各国的菜肴手牵手、心连心，和谐地调配在一起，我中有你，你中有我，把烹调艺术推向一个新境界。

来源于另一个国家的食物不但可以成为调换口味的有趣享受，甚至还能牢固地成为地区的主流饮食。西餐烹调厨艺不论在欧美还是在中国永远都在经历着"改革开放"，但所谓万变不离其宗，最终还是西餐。哪怕是中式做法、西式摆盘的菜肴，在国内也会被人们习惯地称为新式西餐或中式西餐。

西餐烹调新思路、新厨艺不断形成与发展的背后，是东西方烹调文化的结合和东西方烹调技法的取长补短。然而，要想通过挖掘、采集、仿制、翻新、立异、移植、变料、变味、寓意等方法来创新西式菜品，却需要我们的西餐烹调师有哲学、美学、管理学、心理学、营养学、药物学、物理学、化学、动植物学、社会学、文学等方面的文化底蕴。知识的"厚积"，是不断"薄发"的西餐烹调创新的根基与源泉（见图 3-2-1）。

图 3-2-1 西餐创新码盘方式
（三文鱼卷配时令蔬菜）

1. 西餐创新的基础性

西餐烹调创新是西餐业发展的核心，它有明显的时代特征和区域特征，并且突出实用性、可操作性和市场延续性。

（1）西餐烹调创新要有一定的基础性。要想了解烹调发展的新动向，必须围绕市场的需求，坚持健康、美味、环保的饮食追求，通过收集烹调新信息，对现有菜品进行归纳和总结，取其精华，去其糟粕，或可以通过各种美食展、烹调比赛、技术交流等形式获得更多信息。这些积累是西餐创新的源泉，是提高西餐创新能力和创新水平的重要基础。

（2）西餐烹调创新涉及的一些概念

1）肴相：菜肴（原料）的质地与外表必须有机地统一在一起。

2）新原料：使用餐饮业新近普遍采用的原料。

3）新工艺：采取菜系近年来出现的工艺，而非民间已有的工艺。

4）菜式：让菜的样式形成风格化的特点。

2. 西餐创新公式

（1）创新条件公式：

掌握基本功 + 了解传统菜 + 多看新菜式 + 菜品创新活动

（2）创新思路公式：

不相干原料、调料 A + 不相干原料、调料 B

（3）创新原则公式：

A 原料、调料 + B 原料、调料 = 创新菜肴

在创新原则公式基础下，可按：1）高档主料 + 低档辅料；2）低档主料 + 高档辅料；3）传统原料 + 仿大自然外形；4）新原料 + 仿大自然外形；5）借鉴菜式 + 新原料；6）借鉴菜式 + 新味形；7）借鉴菜式 + 新外观（变刀工、变拼盘、变造型等）；8）借鉴菜式

＋新工艺；9）古菜式＋新原料；10）古菜式＋新味型；11）古菜式＋新外观（变刀工、变拼盘、变造型等）；12）古菜式＋新工艺等方式进行创新。

二、西餐烹调技法创新

1. 组合法

图 3-2-2 组合法（嫩煎牛肉配时令蔬菜）

组合法是指将菜肴或点心进行适当的组合，以获得一种具有全新菜肴风格的制作技法。其基本特点是菜点交融，合二为一。组分方式有：合烹式、拼镶式、裹酿式、点心盛器式、菜肴盛器式。组合法可以将不同的菜肴、不同的风味组合在一起，并使组合菜肴在风格上或特色上发生很大变化，体现"综合就是创新"的基本原理。另外，还有利用烹调原料作皮坯的造型，如：利用冬瓜薄片成熟透明的特点加工成饺子或瓜夹等；利用蛋皮、糊化纸（威化纸、糯米纸）、豆油皮与面皮相同的特性加工成各种形态的卷等；利用禽类的皮肤（外皮）造型，类似将鸭颈皮填装其他原料后加工造成"葫芦"形等（见图 3-2-2）。

2. 寓意法

图 3-2-3 寓意法（卧薪尝胆）

寓意法是指通过形象寄托思想、情趣来制作菜肴的方法。它要求构思独特而新颖，形似或神似，具有意趣之雅。成品菜肴具备盘中有画、画中有诗、诗中有意的特点（见图 3-2-3）。

寓意法创制的菜肴，大多用比喻、祝愿和充满趣味或诗情画意的词语给菜肴命名，立意新颖、风趣盎然。寓意创新讲究的是构思巧妙的意，美观大方的色、味、形，盘中寓情的境界和吉祥美好的祝愿。这要求厨师有一定的艺术造诣、一定的文学和美学功底，并具备相当的烹调技术。

寓意法以"形"为基础来创新。形，可称之为"菜之体魄"或"菜之肌体"，形在菜品变化中有改变的形态和自然形态两大类。为了使菜肴更有其实际意义和综合价值，常采用各种新型工艺进行菜肴艺术的加工，使之成为真正的艺术作品，经得起人们细细观赏，并领会其中之意。技艺造型变化上的主要技法有：

（1）利用娴熟的刀工技艺将烹调原料剞出各种形态，如松果形、苞谷形、菠萝形、菊花形、曼陀罗花形、凤尾形、麦穗形、郁金香花形、燕子形等。

（2）利用雕刀和模具将原料通过刻花或压切出各种奇花异草、飞禽走兽的形状。

（3）利用精湛的工艺手法造型，如嵌、镶、包、扎、卷、塑、裱等。这种方法通常是将一般烹调原料加工成可塑性强的精致烹调原料，或是选用其他原料作为坯料，再通过多种技术手法造型，使其构成花卉、动物、植物、山水等各种造型。

3. 变器法

变器法从菜肴盛器的变化中寻求创新，即打破传统的器、食配置方法，通过器具的简单变化，使菜肴焕然一新。

红花配绿叶，好菜装好器。当一盘色佳味美的菜肴配上一个低等或缺损的器皿，自然会损害菜肴的整体水准。器食配合，既要注意一肴一馔与一碗一盘之间的配合，也要顾及整桌宴馔与一席餐具饮器之间的和谐。

菜肴配上相应的餐具是实现味外之美的一种重要方法，而菜肴的餐具之美是通过配搭不同质地、形态、风格的餐具来实现的。利用变器法的创新菜肴必须注意餐具大小与菜肴数量的配合，并营造餐具与菜肴形状、色彩、质地、风格间的和谐统一。

4. 描摹法

描摹法是指从自然万物的形状中获取创作的灵感，利用烹调技法，将菜肴巧妙制作成特有造型的方法。利用描摹法制作的菜肴，即通常所说的象形工艺菜。象形工艺菜的基本特征是描摹自然、巧做成新。它通过对原料的深加工，使菜肴变得既好吃又好看。

象形工艺菜由于造型的需要，在制作中大多把鱼、虾、鸡脯肉、土豆等原料先加工成可塑性较强的泥、茸、片状，然后再用来塑造成花、鸟、虫、鱼等形状。为保持菜点作品逼真的形态，大多采用蒸、炸、汆、滑油等烹调手法，口味则以原汁原味为主。

描摹自然并不局限于单纯地模仿自然界的生物，而应发挥厨师的艺术创造想象力，适当加以夸张。从对生物结构、形态或功能特征的观察中，悟出超越生物本身的技术创意。如"岁岁（碎）有余（鱼）"，以油浸三文鱼为主料，以核桃碎为辅料，取义中国传统文化的"讨口彩"。三文鱼烹制完成后，巧妙地放置在由核桃碎和奶油、芝士等拌匀组成的白色底座上，并以芝麻菜构成盘饰。一幅形、色、味、意俱佳，且充满动感的画面便跃入眼帘，令食者不禁为厨师高超的技艺和丰富的联想所折服（图3-2-4）。

图3-2-4 创新菜——岁岁有余

5. 其他西餐烹调创新技法（见表3-2-1）

表3-2-1 其他西餐烹调创新技法

创新技法	特征	方法
变料法：在原来菜肴的基础上，对菜肴主辅料施以合理变化的一种创新方法	变化原料，模仿出新	（1）改变主料 （2）添加主料 （3）改换辅料 （4）增添辅料
添加法：在传统菜肴的基础上添加新的物料，使制作出的菜点具有新的特色	增加新料、巧用成新	添加功能性食物

（续表）

创新技法	特征	方法
变技法：利用新奇的烹调技法或将传统菜肴在制作方法上加以改进而制作出全新的菜肴	变化技法、改造出新。精髓是不变中有变，变中有不变	全蛋糊可创新出脆浆糊；红烩可创新出香烤；煎炒可创新出香煎。其他还有裱挤、包捏、燃酒烤、盐焗、锡箔卷裹等
造势法：利用独特的烹调技艺或借助一些奇特的效果，来渲染菜肴气势，引发顾客的好感和好奇，以达到调动客人就餐兴趣的目的	打破常规、营造气势	（1）桑拿造势。取烤烫的鹅卵石与调制的汤、汁、卤汁结合。将汤汁浇入烧烫的石块，产生蒸汽、雾气，如同桑拿浴一般 （2）干冰造势。将干冰放在菜肴四周，遇水后产生烟雾缭绕的效果，给顾客新奇的感觉 （3）烛光造势。菜肴配上细小的或短小的红烛，借助其点燃后发出的微弱红光，来衬托菜肴，营造餐桌的独特风格，尤其是晚上，能显现餐厅高雅与幽静的环境，增加用餐的情趣

三、原料创新

原料创新是指通过安全可靠的渠道获取、开发新的原料，并将其制作成具有新意的菜肴、点心的菜点创新方法。西式菜点原料创新主要可以从中料西用、土料洋用、药材菜用、一料多用等方面考虑。

四、口味创新

口味创新是指通过调味料的重新组合进而实现口味调整的菜点创新方法。口味创新的主要思路有中餐西烹、果味菜烹、旧味新烹、新味旧烹等。

五、码盘创新

码盘创新是指对装盘的方法及盛器和菜肴的组合进行调整，以推出新的视觉、新的质感的菜肴。码盘创新的具体方式无非是器皿多变和组合多变。码盘创新要求盛器的大小应与菜肴的分量相适应；盛器的品种应与菜肴的品种相配合；盛器的色彩应与菜肴的色彩相协调。

1. 装盘的 3 个步骤

（1）垫底：即装盘时先把一些碎料和不整齐的块、段配料垫在盘底。

（2）围边：又称"扇面"，就是用比较整齐的熟料在四周把垫底的碎料盖上。

（3）装面：把质量最好、切得最整齐、排列得最均匀的熟料排在盘面上，以求美观。

2. 装盘的 6 种基本方法

（1）排：将熟料平排成行地排在盘中，排菜的原料大都用较厚的方块、腰圆形块或椭圆形块。排可有各种不同的排法，如"火腿"可以锯齿形逐层排迭，或根据厨师的艺术构思排出多种花色。

（2）堆：就是把熟料堆放在盘中，一般用于单盘。堆可配色成纹理，或构成美观的宝塔形。

（3）叠：把加工好的熟料，一片片整齐地叠起，一般构成梯形。

（4）围：将切好的熟料，排列成环形，层层围绕。围的方法可以构成很多花样。有的在排好主料的四周围上一层辅料来衬托，叫做围边；有的将主料围成花朵，中间用辅料点缀成花心，叫做排围。

（5）摆：运用各式各样的刀法，采用不同形状和色彩的熟料，构成各种物形或图案等。厨师需要有熟练的烹调工艺，才能摆出生动活泼、形象逼真的形状来。

（6）覆：是将熟料先排列在碗中或刀面上，再翻扣入盘中或菜面上。

3. 热菜造型艺术

热菜造型艺术与冷菜造型艺术有相似之处，都要经过立意构思、选料布局等一系列环节。但两者也确有区别，冷菜造型，所选用的原料多已烹调过，所需要的只是刀工处理和拼摆；而热菜造型需先进行刀工处理，然后再烹制成熟装盘，造型难度较大。

　　热菜造型艺术，从其表现手法来讲，大致可分为图案装摆法、花物陪衬法、雕塑造型法或成品堆拼法等四种（见图 3-2-5）。

花物陪衬法

雕塑造型法

成品堆拼法 1

成品堆拼法 2

成品堆拼法 3

图案装摆法

图 3-2-5 造型艺术表现手法

六、菜肴创新实例

1. 螺肉色拉配酥炸鱼骨配薄盐生抽

图 3-2-6 螺肉色拉配酥炸鱼骨配薄盐

主料： 海螺 1 个。

辅料： 芹菜段 30g、胡萝卜块 30g、洋葱丝 30g、香叶 2 片、面粉 50g 等。

调料： 锦记薄盐生抽 2g、白葡萄酒 100mL、盐 2g、胡椒 1g、柠檬汁 5mL、橄榄油 50mL、色拉油 500mL。

配菜： 龙利鱼鱼骨 1 根、蔓越莓冻、混合生菜等。

制作方法：（1）锅烧开水，放入芹菜段、胡萝卜块、白葡萄酒和洋葱丝略煮，然后放入海螺煮至断生，取出，去除内脏并洗净备用。（2）鱼骨用白葡萄酒、盐和胡椒略微腌制，拍上面粉，定好需要的形状，放入180℃左右的油温中炸至酥脆，捞出即可。（3）装盘时，将备用的螺肉切块，加橄榄油、柠檬汁、锦记薄盐生抽和胡椒调味，然后重新放入海螺壳内，周围搭配上油炸的鱼骨，同时配上蔓越莓冻和混合生菜即可，如图3-2-6所示。

2. 西班牙碳烤海鲜配一品鲜

图 3-2-7 西班牙碳烤海鲜配一品鲜

主料： 扇贝 2 个、蟹肉 20g。

辅料： 芦笋 20g。

调料： 一品鲜 2g、白兰地 5mL、盐 1g、胡椒 0.5g、橄榄油 20mL、柠檬汁 3g。

配菜： 黑菌条 2g、绿芦笋 8g、荷兰芹 1g。

制作方法：（1）碳炉烧热，放入拌过橄榄油的扇贝和蟹肉封煎，同时撒上一品鲜、白兰地、柠檬汁、盐和胡椒进行调味，煎至上色后，取出备用。（2）芦笋放在扒炉上扒熟，然后放入盘中。（3）装盘时，根据图 3-2-7 所示的方式进行摆盘即可。

3. 海胆配西柚凉拌汁

图 3-2-8 海胆配西柚凉拌汁

主料： 海胆 1 个。

辅料： 西柚汁 20mL。

调料： 凉拌汁 0.5g、胡椒 0.2g。

配菜： 荷兰芹 1g。

制作方法：（1）将海胆洗净，切开，取出内脏，将肉放入海胆壳内。（2）将西柚汁打成泡沫状，放在海胆肉上，同时撒上凉拌汁和胡椒调味。（3）装盘时按照图 3-2-8 所示的方式摆放，并用荷兰芹装饰即可。

4. 嫩煎牛肉配时令蔬菜和豉油鸡汁

图 3-2-9 嫩煎牛肉配时令蔬菜和豉油鸡汁

主料： 牛西冷 300g。

辅料： 胡萝卜片 20g、芹菜段 20g、洋葱丝 20g、大蒜 5g 等。

调料： 豉油鸡汁 20g、盐 2g、胡椒 1g、红酒 100mL、橄榄油 100mL。

配菜： 土豆饼 1 个、核桃 5g、西兰花 5g。

制作方法：（1）将牛西冷用盐、豉油鸡汁、胡椒和红酒略微腌制下，放入烧热的锅中，煎至两面上色，放入烤盘，撒上胡萝卜、大蒜、芹菜和洋葱，并倒入红葡萄酒，然后放入 180℃的烤箱中，烤至所需的成熟度拿出备用。（2）将核桃烤熟，西兰花放入水中烫熟，土豆饼用油炸熟。（3）装盘时按照图 3-2-9 所示的方式摆放，将牛肉切割成形，把配菜依次摆放即可。

5. 碳烤火鸡配海鲜红酒汁

图 3-2-10 碳烤火鸡配海鲜红酒汁

主料： 火鸡腿 1 个。

辅料： 胡萝卜片 20g、芹菜段 20g、洋葱丝 20g、大蒜 5g。

调料： 盐 2g、胡椒 1g、橄榄油 30mL、红葡萄酒 30mL、锦记海鲜酱 10g、红酒汁 30mL。

配菜： 西兰花 3g、樱桃番茄 1 只、罗勒叶 1 朵、帕马森芝士片 1 片、炸土豆饼 1 块。

制作方法： （1）将火鸡腿去骨、去皮，并把筋剔除，用肉锤敲打，然后用胡萝卜、芹菜、洋葱、大蒜和红酒腌制片刻。（2）锅烧热，放入橄榄油，将火鸡腿放入锅中煎熟，在煎的过程中放入盐和胡椒进行调味。（3）将西兰花放入水中烫熟，樱桃番茄煎熟，罗勒叶和土豆饼炸熟，备用。（4）将红酒汁烧开后，缓缓放入锦记海鲜酱并调味，制成海鲜红酒汁，然后按照图 3-2-10 所示的方式进行装盘即可。

思考题

1. 为什么西餐创新有其基础性?

2. 西餐创新原则公式是什么?

3. 西餐创新有哪些基本技法?

4. 西餐烹调中常用的热菜造型艺术有哪些基本手法?

5. 试举例说明西餐口味创新方法。

6. 试举例说明西餐原料创新方法。

7. 试举例说明西餐码盘创新方法。

综合篇
CHAPTER 4

模块一

原料加工

技能要求

1. 掌握原料粗加工的操作要求。
2. 掌握原料精加工的操作要求。
3. 能够正确使用各种刀法。

    原料加工质量的高低直接关系到成品菜肴的质量。因此，原料加工特别是精加工有其特定的技术要求。

实例 **01** 整鸡出骨

🕐 操作时间：10min。

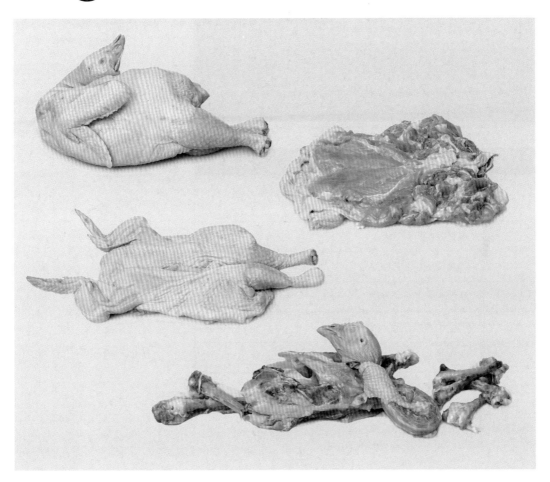

操作方法：

    a. 光鸡洗净，切去鸡爪。

    b. 用刀将鸡脖子根部鸡皮划一圈，使其与主体脱离。

    c. 将刀从整鸡背部开刀，然后沿脊椎下划至尾骨，然后将鸡皮鸡肉翻开，分别切断翅根的关节和鸡大腿根的关节，使其与鸡壳分开，同时往下拉，最后切断鸡里脊肉和鸡壳的连接处，下拉后切断鸡尾部即可。

    d. 鸡壳取出以后放在一边，然后将鸡大腿骨、膝盖骨和小腿骨去净。

    e. 把翅根骨去净。

    f. 成品展示：展示时需要鸡壳（带脖子和鸡头）、2根大腿骨、2根小腿骨、2根翅根骨、去骨整鸡1个（连翅尖、中翅、小腿骨根部）。

主料：

    整鸡。

使用工具：

    剔骨刀、西餐主刀、菜板、斩刀。

器皿：

    10英寸圆盘。

操作要点：

　a. 在把鸡肉从鸡壳上撕下来的时候，力度要恰到好处，不可用力过大以至于把鸡肉和鸡皮撕破。

　b. 去小腿骨的时候，应避免把牙签骨带进小腿肉中。

问题思考：

　a. 西餐整鸡出骨为何从背部开刀？

　b. 西餐整鸡出骨的时候，为何把里脊肉连在鸡胸肉上？

问：如何才能取得高分？

答：1. 在考试时间内完成相应的操作。

　2. 做到鸡皮完整，无破损。

　3. 成品摆放整齐、干净。

序号	评价要素
1	装盘时去骨整鸡 1 个、鸡壳 1 副、大腿骨 2 根、小腿骨 2 根、翅根骨 2 根
2	鸡骨完整不带肉
3	鸡胸带皮不破损
4	鸡腿去骨带皮不破损
5	鸡腿不留膝盖骨、牙签骨
6	鸡腿骨不带肉
7	鸡柳完整不破损

实例 02 鲈鱼出骨

操作时间：10min。

操作方法：

a. 鱼横放于菜板上，用刀沿鳃口处垂直切至龙骨，但不切断龙骨。

b. 将刀身转至水平方向，刀尖朝鱼尾，沿龙骨方向从头片向尾部，刀至鱼尾处停。

c. 左手翻开鱼肉，刀尖慢慢沿骨刺将鱼肉剔下（刀尖先上后下）。

d. 同样方法剔下另一边的鱼肉。

e. 成品展示: 展示时需要两片鱼柳(不带皮)、一副鱼骨架(带胸骨、鱼鳍、鱼头和鱼尾)。

主料：

鲈鱼 1 条（500g）。

使用工具：

剔骨刀、西餐主刀、菜板、斩刀。

器皿：

10 英寸圆盘。

操作要点：

　　a. 鲈鱼洗净，除净鱼鳞，否则无法从背部进刀。

　　b. 操作时从背部进刀，并贴住鲈鱼的龙骨把鱼柳剔下。

问题思考：

　　a. 鲈鱼出骨为何要从背部开刀？

　　b. 在鲈鱼出骨的时候，为何要贴住龙骨下刀？

问：如何才能取得高分？

答：1. 在考试时间内完成相应的操作。

　　2. 做到鱼皮完整，无破损。

　　3. 成品摆放整齐、干净。

序号	评价要素
1	装盘时鱼骨架一副、鱼肉 2 片
2	鱼柳完整不带刺
3	鱼骨上不粘肉
4	鱼皮完整不破
5	成品干净卫生

实例 03 蜗牛加工处理

操作时间：10min。

操作方法：

a. 新鲜蜗牛放入沸水中烫一下。

b. 从沸水中取出蜗牛，挖出蜗牛肉并去除沙肠。在蜗牛肉中加入少许食盐用手擦，边擦边用水冲洗，反复几次，至蜗牛肉洗净没有黏液。

c. 成品展示：展示时需要蜗牛壳 3 个、蜗牛肉 3 个（没有黏液）、蜗牛内脏 3 个。

主料：

蜗牛 3 只。

调料：

盐 15g。

使用工具：

小刀、西餐主刀、菜板。

器皿：

10 英寸圆盘。

操作要点：

a. 蜗牛煮透，才可以把蜗牛肉挖出。

b. 用食盐擦洗蜗牛肉的时候，需要揉搓充分以后再用清水冲洗干净。

问题思考：

a. 清洗蜗牛肉时用盐来揉搓去黏液，是什么原理？

b. 蜗牛如何鉴别是活的还是死的？

序号	评价要素
1	装盘时需要蜗牛壳 3 个、蜗牛肉 3 个（没有黏液）、蜗牛内脏 3 个
2	蜗牛肉与壳分离
3	蜗牛肉完整不碎，蜗牛壳不破。
4	成品干净卫生

问：如何才能取得高分？

答：1. 在考试时间内完成相应的操作。

2. 蜗牛煮至断生。

3. 成品摆放整齐、干净。

实例 **04** 鸡肉卷加工

操作时间：10min。

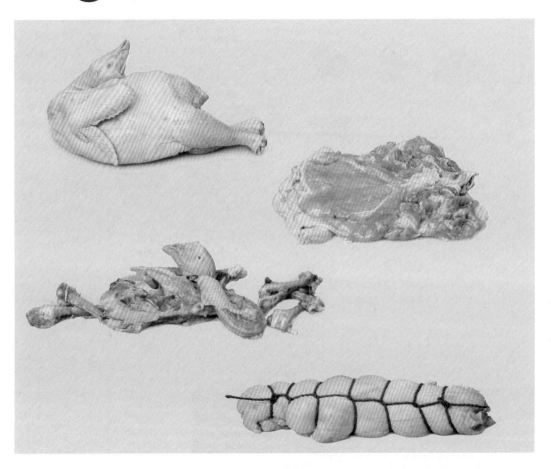

操作方法：

a. 光鸡洗净，切去鸡爪。

b. 用刀将鸡脖子根部鸡皮划一圈，使其与主体脱离。

c. 从整鸡背部开刀，然后沿脊椎下划至尾骨，将鸡皮鸡肉翻开，分别切断翅根的关节和鸡大腿根的关节，使其与鸡壳分开，同时往下拉，最后切断鸡里脊肉和鸡壳的连接处，下拉后切断鸡尾部即可。

d. 鸡壳取出以后放在一边，然后将鸡大腿骨、膝盖骨和小腿骨去净，再把翅根骨去净。

e. 将整鸡出骨的鸡肉皮朝下，肉朝上，放在菜板上，用刀略微修平整后卷起，并用棉线扎成肉卷并固定即可。

f. 成品展示：鸡肉卷需带皮；用棉线固定鸡肉卷时，间隔需均匀（一般扎 5～6 圈），中间棉线直且规整；鸡肉卷两头、中间粗细一致。

主料：

整鸡 1 只。

使用工具：

剔骨刀、西餐主刀、菜板、棉线、斩刀

器皿：

12 英寸圆盘。

操作要点：
 a. 在把鸡肉从鸡壳上撕下来的时候，力度要恰到好处，不可用力过大以至于把鸡肉和鸡皮撕破。
 b. 在去小腿骨的时候，应避免把牙签骨带进小腿肉中。
 c. 卷鸡肉卷时，用力要均匀，力度要一致。

问题思考：
 a. 如何使用棉线快速捆扎鸡肉卷？
 b. 除了鸡肉，还有什么原料适合用此种方式加工？

问：如何才能取得高分？
答：1. 在考试时间内完成相应的操作。
　　2. 成品摆放整齐、干净。

序号	评价要素
1	整鸡完整
2	鸡胸带皮不破损
3	鸡腿去骨带皮不破损
4	扎鸡肉卷的棉线间隔均匀、规整
5	成品干净卫生

实例 05 羊排切割成形

🕐 操作时间：10min。

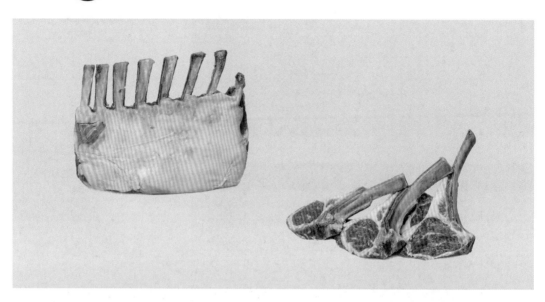

🔪 **操作方法：**
　a. 羊排剔除皮、肥膘。
　b. 修去羊排骨头上的碎肉。
　c. 将羊排切割成 7 片，留 3 片展示用。
　d. 成品展示：展示时在圆盘中摆放 3 块羊排，要求剔除多余油脂、剔除羊排上多余筋膜，上段骨上不带肉，厚薄均匀，摆放整齐。

主料：
　七支羊排 1 块。
使用工具：
　剔骨刀、西餐主刀、菜板。
器皿：
　10 英寸圆盘。

🍳 **操作要点：**
　切羊排时不要用蛮劲，每一块羊排根部都有相应的关节，只要切断关节，就可以把羊排切下。

☠ **问题思考：**
　在处理羊排时，为什么要剔除羊排上段骨上多余的筋膜？

序号	评价要素
1	羊排上段骨不带肉
2	羊排开片厚薄均匀
3	成品干净卫生

问：如何才能取得高分？
答：1. 在考试时间内完成相应的操作。
　2. 切割羊排时，刀面整洁，没有多余刀面。
　3. 成品摆放整齐、干净。

实例 06 鱼柳切割成形

🕐 操作时间：10min。

操作方法：

a. 鱼横放于菜板上，用剔骨刀沿鳃口处垂直切至龙骨，但不切断龙骨。

b. 将刀身转至水平方向，刀尖朝鱼尾，沿龙骨方向从头片向尾部，刀至鱼尾处停。

c. 左手翻开鱼肉，刀尖慢慢沿骨刺将鱼肉剔下（刀尖先上后下）。

d. 同样方法剔下另一边的鱼肉。

e. 将剔下鱼肉的鱼皮朝下置于菜板上，从尾部下刀，将皮片剔下来。

f. 将鱼肉腹边肉修去，并修成叶子形。

g. 成品展示：展示时需要两片鱼柳、两张鱼皮、一副鱼骨架（带胸骨、鱼鳍、鱼头和鱼尾）。

主料：

鲈鱼 1 条（500g）。

使用工具：

剔骨刀、西餐主刀、菜板、斩刀。

器皿：

10 英寸圆盘。

操作要点：

a. 鲈鱼洗净，除净鱼鳞，否则无法从背部进刀。

b. 操作时从背部进刀，并贴住鲈鱼的龙骨把鱼柳剔下。

c. 鱼柳去皮时，将刀贴在鱼皮上然后下拉，以免弄破鱼皮。

问题思考：

a. 取鱼柳时为何要从背部开刀？

b. 取鱼柳的时候，为何要贴住龙骨下刀？

问：如何才能取得高分？

答：1. 在考试时间内完成相应的操作。

2. 鱼肉刀面平整，没有破损。

3. 做到鱼皮完整，无破损。

4. 成品摆放整齐、干净。

序号	评价要素
1	装盘时鱼骨架一副、鱼柳 2 片、鱼皮 2 张
2	鱼柳完整不带刺
3	鱼骨上不粘肉
4	鱼皮完整不破
5	成品干净卫生

模块二

冷菜制作

技能要求

1. 掌握冷沙司的制作方法及要点。
2. 掌握冷菜的制作方法及要点。
3. 掌握胶冻的特性及菜肴制作过程。

　　由于西餐中的冷餐酒会、鸡尾酒会多以色拉、胶冻、冷肉等冷菜为主，因此冷菜在西餐中具有举足轻重的地位。

实例 07 千岛沙司

 操作时间：15min。

操作方法：
　　a. 洋葱、酸黄瓜切末，熟鸡蛋蛋白、蛋黄分别切丁。
　　b. 蛋黄酱放入碗中，加入洋葱末、酸黄瓜末、适量番茄沙司、辣椒汁、李派林、蛋白、蛋黄，搅拌均匀，成粉红色即可。

主料：
　　蛋黄酱 80g。
辅料：
　　洋葱 10g、酸黄瓜 10g、熟鸡蛋 10g。
调料：
　　番茄沙司 8g、辣椒汁 0.5g、李派林 1g。
工具：
　　菜板、西餐刀、原料盘、汤匙。
器皿：
　　沙司盅。

操作要点：
　　a. 放入蛋黄酱内的洋葱、酸黄瓜、熟鸡蛋等一系列原料切得越细越好。
　　b. 李派林不需放太多，提味即可。

问题思考：
　　a. 千岛沙司一般用于什么菜肴的制作？
　　b. 千岛沙司是由什么酱汁演变过来的？

序号	评价要素
1	成品不低于 70g
2	色泽：粉红色、间有混合蔬菜香料色
3	香气：奶香
4	口味：味咸、微酸、微甜
5	形态：呈半流体状
6	质感：浓稠、光亮
7	成品安全卫生

问：如何才能取得高分？
答：1. 酱汁厚薄均匀。
　　2. 酱汁口味适中，色泽饱满。

实例 08 恺撒沙司

🕐 操作时间：15min。

操作方法：

a. 洋葱、酸黄瓜切末，银鱼柳、水瓜柳用粉碎机粉碎后取出。

b. 蛋黄中加入芥末酱，徐徐倒入橄榄油打发，并加入李派林拌和至一定稠度。

c. 最后拌入粉碎后的银鱼柳、水瓜柳、洋葱末、蒜蓉、酸黄瓜末即可。

主料：

蛋黄 1 个。

辅料：

油浸银鱼柳 15g、水瓜柳 5g、洋葱 5g、蒜蓉 3g、酸黄瓜 10g。

调料：

橄榄油 10mL、法式芥末酱 10g、李派林 1g。

工具：

菜板、西餐刀、原料盘、汤匙。

器皿：

沙司盅。

操作要点：

a. 放入蛋黄酱内的洋葱、酸黄瓜、银鱼柳等一系列的原料需要切得越细越好。

b. 法式芥末酱不需放太多，提味即可。

问题思考：

a. 恺撒沙司一般用于什么菜肴的制作？

b. 恺撒沙司达到怎样的浓稠度才最适合制作色拉？

序号	评价要素
1	成品不低于 70g
2	色泽：灰白色、间有混合蔬菜香料色
3	香气：香料香、奶香、芥末香
4	口味：味咸、鲜、微酸、微甜
5	形态：呈流体状
6	质感：光亮、不渗油
7	成品安全卫生

问：如何才能取得高分？

答：1. 酱汁厚薄均匀。

2. 酱汁口味适中，色泽饱满。

实例 09 鸡尾沙司

 操作时间：15min。

操作方法：

蛋黄酱中加入番茄沙司、辣椒汁、盐、白胡椒粉、李派林、白兰地搅拌均匀即可。

操作要点：

番茄沙司使用适量，口味合适。

问题思考：

鸡尾沙司一般用于什么菜肴的制作？

主料：

蛋黄酱 80g。

调料：

番茄沙司 15g、辣椒汁 1g、李派林 0.5g、盐 0.5g、白胡椒粉 0.2g、白兰地 3mL。

工具：

菜板、西餐刀、原料盘、汤匙。

器皿：

沙司盅。

序号	评价要素
1	成品不低于 70g
2	色泽：粉红色
3	香气：酒香
4	口味：味咸、微辣、微酸
5	形态：呈半流体状
6	质感：浓稠、有光泽
7	成品安全卫生

问：如何才能取得高分？
答：1. 酱汁厚薄均匀。
　　2. 酱汁口味适中，色泽饱满。

实例 **10** 法国汁

🕐 操作时间：15min。

操作方法：

　a. 洋葱、干葱、青椒、红椒切末，大蒜切泥。

　b. 在蛋黄酱中加入洋葱末、干葱末、蒜泥、青椒末、红椒末、牛清汤、盐、胡椒粉、混合香料搅拌均匀即可。

操作要点：
辅料需要切碎，掌握香料之间的比例。

问题思考：
法国汁一般用于什么菜肴的制作？

序号	评价要素
1	成品不低于 70g
2	色泽：乳白色，间有蔬菜香料混合色
3	香气：香料香
4	口味：味咸、鲜、微酸
5	形态：呈流体状
6	质感：滑爽、有光泽
7	成品安全卫生

主料：
蛋黄酱 70g。

辅料：
洋葱 5g、干葱 1 个、大蒜 5g、青椒 5g、红椒 5g、牛清汤 20mL、混合香料（迷迭香：百里香：荷兰芹 =1：1：3）。

调料：
盐、白胡椒粉。

工具：
菜板、西餐刀、原料盘、汤匙。

器皿：
沙司盅。

问：如何才能取得高分？
答：1. 酱汁厚薄均匀。
　　2. 酱汁口味适中，色泽饱满。

实例 **11** 太太沙司

操作时间：15min。

操作方法：
　　a. 洋葱、酸黄瓜、水瓜柳、熟鸡蛋蛋白切末。
　　b. 在蛋黄酱中加入洋葱末、酸黄瓜末、水瓜柳末、蛋白末，挤入柠檬汁搅拌均匀，最后撒上荷兰芹末即可。

主料：
　　蛋黄酱 70g。
调料：
　　洋葱 8g、柠檬 30g、酸黄瓜 10g、熟鸡蛋 20g、水瓜柳 5g、荷兰芹末 0.5g。
工具：
　　菜板、西餐刀、原料盘、汤匙。
器皿：
　　沙司盅。

操作要点：
　　a. 放入蛋黄酱内的洋葱、酸黄瓜、熟鸡蛋等一系列的原料需要切得越细越好。
　　b. 柠檬汁不需放太多，提味即可。

问题思考：
　　太太沙司一般用于什么菜肴的制作？

序号	评价要素
1	成品不低于 70g
2	色泽：白色，间有蔬菜香料等配菜的混合色
3	香气：香料香
4	口味：咸味适口、微辣
5	形态：呈半固体状
6	质感：浓厚、有光泽
7	成品安全卫生

问：如何才能取得高分？
答：1. 酱汁厚薄均匀。
　　2. 酱汁口味适中，色泽饱满。

实例 ⑫ 煎小明虾色拉

🕐 操作时间：30min。

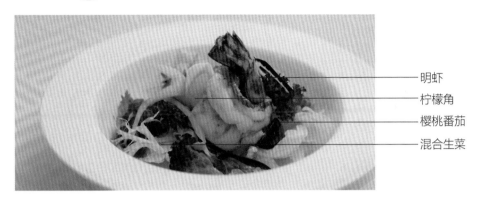

———— 明虾
———— 柠檬角
———— 樱桃番茄
———— 混合生菜

操作方法：

　a. 明虾去头、壳，背开去沙筋，留虾尾。

　b. 将虾用盐、白胡椒粉腌制，然后煎至金黄色断生，并烹入白兰地。

　c. 混合生菜、樱桃番茄拌油醋汁。

　d. 装盘时中间放生菜，配柠檬角，边上放明虾，淋上原汁，边上淋油醋汁即可。

操作要点：

　a. 煎明虾时控制火候，煎至断生即可。

　b. 用油醋汁拌混合生菜时，不要过早拌匀，以至生菜没有口感。

问题思考：

　a. 为何在煎明虾断生的时候烹入白兰地？有何作用？

　b. 海鲜原料搭配上柠檬角有什么作用？

主料：

　明虾（50g/ 个）2 个。

辅料：

　混合生菜 13g、樱桃番茄 1 个、柠檬角 1 个。

调料：

　盐 1g、白胡椒 1g、白兰地 5mL、油醋汁 10g。

工具：

　菜板、西餐主刀、水果刀、茶匙。

建议使用盘式原料：

　黑橄榄、混合生菜、红甜椒沙司、红椒丝。

序号	评价要素
1	每份出品 80 ~ 100g
2	色泽：明虾熟后自然本色，表面带金黄色
3	香气：明虾香、酒香、汁水香
4	口味：鲜、咸、微酸
5	形态：明虾尾朝上，装盘有层次，配菜精细美观
6	质感：外脆里嫩
7	成品安全卫生

问：如何才能取得高分？
答：1. 虾肉鲜嫩。
　　2. 蔬菜爽脆适口。

实例 ⑬ 法国海鲜色拉

🕐 操作时间：30min。

——基围虾
——蛤蜊
——扇贝
——柠檬角
——青口贝
——混合生菜

操作方法：

a. 基围虾去头、去壳、去沙筋，扇贝去壳取肉，青口贝、蛤蜊洗净。

b. 以上海鲜用白葡萄酒烹煮，加入辅料蔬菜、柠檬煮至断生，取出冷却。

c. 海鲜用法式油醋汁、盐、白胡椒拌匀，撒上荷兰芹末，边上配混合生菜（拌油醋汁）、柠檬角、莳萝。

操作要点：

a. 煮海鲜时应该控制时间，断生即可。

b. 法式油醋汁口味略酸，主要是为带动海鲜的清香和爽口的味道。

问题思考：

a. 制作这道菜肴时，应该注意些什么？

b. 海鲜原料搭配上柠檬角有什么作用？

序号	评价要素
1	每份出品 80～100g
2	色泽：新鲜，煮后本色，间有蔬菜色
3	香气：海鲜香、酒香、汁水香
4	口味：鲜、咸、酸
5	形态：原料完整、搭配合理、装盘美观
6	质感：海鲜有弹性、口味层次丰富
7	成品安全卫生

* 配菜不能超过主料的 1/3

主料：

基围虾 30g（2 个）、扇贝 15g（1 个）、青口贝 50g（3 个）、蛤蜊 10g（2 个）。

辅料：

洋葱 10g、芹菜 5g、胡萝卜 5g、香叶 2 片、柠檬 1/2 个、荷兰芹末 3g。

调料：

盐 1g、白胡椒 0.5g、白葡萄酒 5mL、法式油醋汁 10g。

配料：

混合生菜 25g、柠檬角 1 个、莳萝 1 棵。

工具：

菜板、西餐主刀、水果刀、茶匙。

器皿：

10 英寸圆凹盘。

建议使用盘式原料：

黑橄榄、混合生菜、红甜椒沙司、红椒丝。

问：如何才能取得高分？

答：1. 海鲜鲜嫩。

2. 蔬菜爽脆适口。

实例 14 意大利美味拼盘

🕐 操作时间：30min。

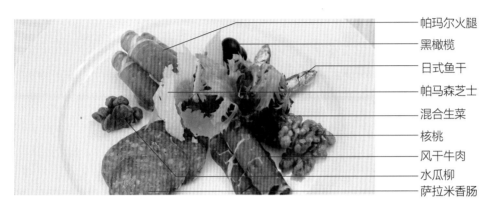

帕玛尔火腿
黑橄榄
日式鱼干
帕马森芝士
混合生菜
核桃
风干牛肉
水瓜柳
萨拉米香肠

操作方法：
a. 所有原料切片装盘。
b. 核桃放入 180℃烤箱烤香、烤熟。
c. 混合生菜用油醋汁拌匀。
d. 装盘时，按照上图摆放并淋橄榄油即可。

操作要点：
a. 切风干牛肉、帕玛尔火腿和萨拉米香肠时需要切薄。
b. 配菜适量即可，无需太多。

问题思考：
a. 制作这道菜肴时，应该注意些什么？
b. 为何需要搭配上黑橄榄、水瓜柳等配料？

序号	评价要素
1	每份出品 80 ~ 100g
2	色泽：原料自然本色、间有奶酪色、初榨橄榄油色、间有各种配料色
3	香气：原料本色香、配料香
4	口味：鲜、咸、微酸
5	形态：摆盘有层次感、主副料均衡、造型美观
6	质感：各种原料特色分明、有咬劲、口感丰富
7	成品安全卫生

* 配菜不能超过主料的 1/3

主料：
风干牛肉 50g、萨拉米香肠 50g、帕玛尔火腿 50 g、帕马森芝士片 30g、日式鱼干。
辅料：
橄榄油 7g、油醋汁 3g。
配菜：
核桃 8g、水瓜柳 3g、混合生菜 3g、黑橄榄 2g。
工具：
菜板、西餐主刀、水果刀、原料盘、茶匙。
器皿：
10 英寸圆平盘。
建议使用盘式原料：
酸黄瓜、混合生菜、红甜椒沙司、红椒丝。

问：如何才能取得高分？
答：1. 原料完整，厚薄均匀。
2. 核桃香味浓郁。

实例 15 海鲜开拿批

🕐 操作时间：30min。

———— 黑鱼子酱
———— 烟熏三文鱼
———— 油浸金枪鱼
———— 基围虾

操作方法：

a. 鸡蛋放入开水中煮 10min，冷却后，切成片。

b. 金枪鱼拌蛋黄酱。

c. 基围虾焯熟后去头、壳，并从背面剖开。

d. 吐司面包用模具刻成圆形，放入烤箱内烘干，然后涂上蛋黄酱。

e. 生菜叶用模具刻成圆形。

f. 每片涂抹过蛋黄酱的面包上放一片圆形生菜叶，再放上一种海鲜（烟熏三文鱼、金枪鱼、基围虾、黑鱼子酱），最后用牙签固定。

g. 将做好的开拿批装盘，淋上些许橄榄油即可。

操作要点：

a. 原料大小均匀。

b. 基围虾的沙筋要去干净。

问题思考：

a. 制作这道菜肴时，烟熏三文鱼的刀工如何处理？

b. 为何制作开拿批要用牙签。

序号	评价要素
1	每份出品 80 ~ 100g
2	色泽：面包呈金黄色、馅呈自然海鲜色、兼有配菜色
3	香气：奶香、海鲜香、面包香
4	口味：嫩、香、鲜
5	形态：形态饱满、装盘美观、中间无空隙
6	质感：面包松脆、海鲜口味丰富、有弹性
7	成品安全卫生

* 配菜不能超过主料的 1/3

主料：

鸡蛋 1 个、黑鱼子酱 20g、基围虾 2 个、烟熏三文鱼 30g、油浸金枪鱼 20g。

辅料：

吐司面包 3 片。

调料：

蛋黄酱 30g、盐 1.5g、白胡椒粉 1g、橄榄油 10g。

配料：

混合生菜 10g。

工具：

菜板、西餐主刀、水果刀、原料盘、茶匙。

器皿：

12 英寸方盘。

建议使用盘式原料：

水瓜柳、混合生菜、黑橄榄、红椒丝、柠檬。

问：如何才能取得高分？

答：1. 面包烤至外脆，并有焦黄色。

2. 蔬菜和原料合理搭配。

实例 ⑯ 蔬菜啫喱冻

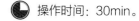 操作时间：30min。

—— 西兰花
—— 胡萝卜
—— 黄甜椒
—— 樱桃番茄

操作方法：

a. 西兰花切小块、胡萝卜、黄甜椒切丁，樱桃番茄切角。

b. 西兰花、胡萝卜、黄胡椒焯水、冷却。

c. 明胶用水化开，并加入盐、白胡椒粉调味。

d. 以上原料按层放入纸杯，徐徐加入融化的明胶，然后放入冰箱冷藏。

e. 待啫喱凝结后倒于盘中间，边上配黑橄榄、西兰花和红樱桃番茄即可。

操作要点：

a. 主料切丁大小一致，摆放有层次感。

b. 放番茄角的时候，需要皮朝外面，有层次叠放。

问题思考：

a. 制作这道菜时为何需要使用纸杯？

b. 明胶片为何在水中不能放太久？

> * 配菜不能超过主料的 1/3

主料：

西兰花 10g、胡萝卜 10g、黄甜椒 10g、樱桃番茄 10g。

调料：

盐 0.5g、白胡椒 0.25g、明胶片 10g。

配料：

黑橄榄 2 个（去核）、西兰花 5g、红樱桃番茄 1 个。

工具：

菜板、西餐主刀、水果刀、原料盘、茶匙、一次性纸杯。

器皿：

10 英寸圆盘。

建议使用盘式原料：

混合生菜、黄樱桃番茄等。

序号	评价要素
1	每份出品 80 ~ 100g
2	色泽：晶莹光亮、呈自然蔬菜本色、透明
3	香气：蔬菜清香
4	口味：鲜、咸、鲜嫩
5	形态：呈圆形、固定不散、美观、有抖动感
6	质感：滑爽、清淡、爽口
7	成品安全卫生

问：如何才能取得高分？
答：1. 色泽光亮，口味清爽。
　　2. 原料大小均匀，有层次感。

实例 17 三文鱼太太

🕐 操作时间：30min。

—— 白洋葱末
—— 三文鱼丁
—— 红菜头丁

操作方法：
 a. 新鲜三文鱼切丁，红菜头煮熟、切丁，荷兰芹切末。
 b. 三文鱼用盐、白胡椒粉、橄榄油、荷兰芹末拌匀。
 c. 一半红菜头丁加入盐和白胡椒，并倒入油醋汁和柠檬汁，拌匀备用。
 d. 另一半红菜头丁用圈模放入盘中，然后将三文鱼丁用圈模装于红菜头上，放上细香葱、荷兰芹末和洋葱末，周围撒上橙皮丝、橙肉和打发奶油装饰。

操作要点：
 a. 主料切丁大小一致，摆放有层次感。
 b. 柠檬汁不需要太早放，等食用这道菜时再加入三文鱼拌匀。

问题思考：
 a. 三文鱼和红菜头搭配凸显出三文鱼什么味道？
 b. 柠檬汁为何不能过早拌入三文鱼？

序号	评价要素
1	每份出品 80 ~ 100g
2	色泽：新鲜三文鱼本色、兼有蔬菜色，有光泽
3	香气：鱼香、奶香、柠檬香、蔬菜清香
4	口味：鲜、咸、微酸
5	形态：呈圆形、固定不散、美观
6	质感：有弹性、清爽不腻
7	成品安全卫生

* 配菜不能超过主料的 1/3

主料：
 新鲜三文鱼 90g。
辅料：
 新鲜柠檬汁 5g、荷兰芹 3g、白洋葱末 5g、红菜头 30g。
调料：
 盐 1g、白胡椒 0.5g、橄榄油 15mL、油醋汁 8mL。
配菜：
 橙子 1 个、细香葱 2 根、打发奶油 3g。
工具：
 菜板、西餐主刀、水果刀、原料盘、茶匙、一次性纸杯。
器皿：
 10 英寸圆盘。
建议使用盘式原料：
 混合生菜、水瓜柳、黑橄榄、柠檬。

问：如何才能取得高分？
答：1. 色泽光亮，口味清爽。
 2. 原料大小均匀，有层次感。

模块三

汤菜制作

技能要求

1. 掌握西餐汤菜的分类。
2. 掌握冷汤的概念。
3. 掌握汤菜的制作方法及要点。

一、蔬菜汤的概念

蔬菜汤是先用油和蔬菜制作汤料，然后再加基础汤调制的汤类。由于这类汤大都带有荤性原料，所以又称荤性蔬菜汤。

蔬菜汤品种很多，而且色泽鲜艳丰富，口味多变复杂，刺激食欲，作为第一道菜非常适宜。根据调制时使用的基础汤不同，蔬菜汤又分为牛蔬菜汤、鸡蔬菜汤、野味蔬菜汤、鱼虾汤等。

二、冷汤的概念

冷汤大多是用清汤和净水加上各种蔬菜、水果或少量肉类调制而成的。冷汤的饮用温度以 10 ~ 12℃为宜，有的人还习惯加冰块饮用。冷汤大多具有爽口、开胃的特点，适宜夏季食用。传统的冷汤大都是用牛基础汤制作的，目前则用净水制作的比较多。

实例 **18** 冻酸奶汤

操作时间：40min。

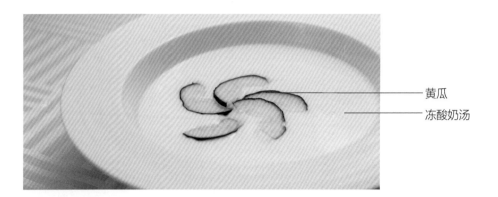

黄瓜

冻酸奶汤

操作方法：
　　a. 黄瓜去瓤，盐擦过后用纯净水冲洗干净。
　　b. 黄瓜留一部分切片，剩余黄瓜加酸奶、奶油、白朗姆酒、盐粉碎拌匀装盘，上面用黄瓜片、核桃碎装饰。

主料：
　酸奶 170mL。
辅料：
　黄瓜 50g、鲜奶油 30mL、核桃 5g。
调料：
　盐 0.5g、白朗姆酒 5mL。
工具：
　菜板、西餐主刀、水果刀、原料盘、汤匙。
器皿：
　10 英寸汤盘。
建议使用盘式原料：
　黑橄榄、番茄丁、核桃碎。

操作要点：
　a. 作为装饰的黄瓜片不可太厚，尽量切薄。
　b. 白朗姆酒不可放太多，以避免酒味过于浓郁。

问题思考：
　a. 黄瓜在制作前，为什么需要用盐腌制？
　b. 冷汤中放入白朗姆酒的作用是什么？

序号	评价要素
1	标准份量
2	色泽：酸奶本色、间有黄瓜色、核桃色
3	香气：奶香（酸奶原味）、黄瓜香、酒香
4	口味：咸、微酸、微甜
5	形态：半流体、菜汤均匀、装盘八分满
6	质感：菜脆爽（黄瓜需腌渍）、汤滑爽、有稠度
7	成品安全卫生

问：如何才能取得高分？
答：1. 顺滑的口感、浓稠的汤汁。
　　2. 口味清爽。

实例 **19** 番茄冷汤

🕐 操作时间：40min。

操作方法：

　a. 番茄去皮去籽（留一个番茄瓢备用）、黄瓜去皮去籽、洋葱切片备用。

　b. 洋葱、蒜泥用黄油炒香后加入番茄炒透冷却。

　c. 将炒过的洋葱、番茄放入粉碎机中，加入黄瓜粉碎，调入番茄沙司，取出装盆，上面装饰罗勒叶即可。

操作要点：

　a. 罗勒叶不可多放，不然香味会掩盖番茄的味道。

　b. 番茄去籽粉碎，可以使汤更柔顺。

问题思考：

　a. 制作冷汤的时候，为什么需要放入罗勒？

　b. 冷汤中放入番茄沙司的作用是什么？

主料：

　番茄 250g。

辅料：

　洋葱 10g、蒜泥 5g、黄油 15g、黄瓜 50g。

调料：

　番茄沙司 10g、盐 0.5g。

配菜：

　罗勒叶 1 片。

工具：

　菜板、西餐刀、水果刀、原料盘、汤匙。

器皿：

　10 英寸汤盘。

序号	评价要素
1	标准份量
2	色泽：红色、间有其他蔬菜色
3	香气：清香、蔬菜香
4	口味：咸鲜、微酸
5	形态：流体、汤与原料搭配均匀、装盘合理
6	质感：鲜香滑嫩、清凉爽口
7	成品安全卫生

问：如何才能取得高分？
答：1. 顺滑的口感、浓稠的汤汁。
　　2. 口味清爽。

实例 20 英式青葱土豆汤

操作时间：40min。

—— 炸大葱丝
—— 土豆泥

操作方法：
　　a. 熟土豆压成泥备用。
　　b. 大葱切末，大蒜切泥备用。
　　c. 大葱末、蒜泥用黄油炒香，加入鸡汤烧开，用土豆泥调稠厚度后，用盐、胡椒调味，最后加入奶油。
　　d. 汤装盆，上面放上橄榄形土豆泥，撒上炸大葱丝即可。

操作要点：
　　a. 炸大葱丝尽量保持原色，以免炸焦。
　　b. 土豆泥不要太厚，保持绵密状。

问题思考：
　　a. 奶油汤中的土豆应选用什么品种的？
　　b. 如何保持大葱丝松脆？

* 配菜不能超过主料的 1/3

主料：
　　大葱 20g、熟土豆 150g、大蒜 5g。
调料：
　　鸡基础汤 300mL、奶油 10mL、黄油 10g、盐 1g、白胡椒 0.5g。
配菜：
　　土豆泥 40g、炸大葱丝 3g。
工具：
　　土豆泥 40g、炸大葱丝 3g。
器皿：
　　10 英寸汤盘。

序号	评价要素
1	标准份量
2	色泽：浅黄色、兼有奶油色
3	香气：奶香、蔬菜香、葱香
4	口味：咸鲜适口、滑爽
5	形态：半流体、汤菜均匀、装盘合理
6	质感：土豆酥软、爽口滑润、有稠度
7	成品安全卫生

问：如何才能取得高分？
答：1. 顺滑的口感、浓稠的汤汁。
　　2. 口味清爽。

实例 21 匈牙利牛肉浓汤

🕐 操作时间：40min。

操作方法：

a. 土豆切丁，煮熟备用。

b. 红甜椒、黄甜椒、青甜椒去皮去籽切丁并焯水（留一小部分用于点缀），洋葱切丁备用。

c. 牛肉切小丁加红椒粉拌匀备用。

d. 黄油炒香洋葱后，加入红、黄、青甜椒略炒，加入牛肉丁，烹入红葡萄酒，加牛基础汤煮至牛肉酥。

e. 将煮好的牛肉汤稍冷却后，入粉碎机粉碎（剩余一部分牛肉丁），倒入锅中加热，用辣椒汁、美极酱油调味。

f. 装盆时土豆粒置于汤盆底部作汤辅，放入浓汤，撒上牛肉丁、青、黄、红椒丁即可。

主料：

牛肉 100g、洋葱 15g、红甜椒 15g、青甜椒 15g、黄甜椒 15g、土豆 15g。

调料：

盐 1.5g、白胡椒粉 0.5g、辣椒汁 0.5g、红椒粉 0.5g、鲜酱油 0.5g、红葡萄酒 30mL、牛基础汤 300mL。

工具：

菜板、西餐刀、水果刀、原料盘、汤匙。

器皿：

10 英寸汤盘。

操作要点：

a. 用粉碎机粉碎牛肉时只需一小部分。

b. 烹入葡萄酒后一定要煮透，以免有酒精味。

问题思考：

a. 制作这道菜应选用牛肉的哪个部位？

b. 撒上牛肉丁和各色辣椒的原因是什么？

序号	评价要素
1	标准份量
2	色泽：深红色、兼有蔬菜色
3	香气：酒香、蔬菜香、奶香、香料香、牛肉汤香
4	口味：咸鲜适口
5	形态：流体、汤菜均匀、装盘合理
6	质感：牛肉酥软、蔬菜爽滑、有稠度
7	成品安全卫生

问：如何才能取得高分？

答：1. 顺滑的口感、浓稠的汤汁。

2. 口味清爽。

实例 22 德国青豆汤

⏱ 操作时间：40min。

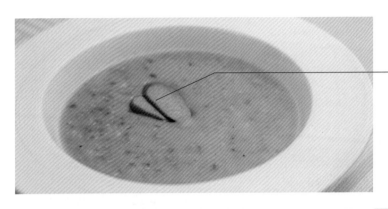

——— 德国香肠

操作方法：
　a. 速冻青豆焯水备用，香肠切片备用。
　b. 洋葱入锅炒出香味，依次加蒜泥、西芹烧香加青豆、水煮至青豆酥。
　c. 青豆离火稍冷却，入粉碎机打成泥，入锅烧开，加美极酱油调味。
　d. 将青豆汤装盆，最后上面放上香肠片即可。

操作要点：
　a. 注意调味，以清淡为主。
　b. 香肠保持完整。

问题思考：
　如何让青豆汤尽量保持原色？

＊配菜不能超过主料的 1/4

主料：
　速冻青豆 75g、洋葱 15g、西芹 15g、蒜泥 5g。
调料：
　盐 1g、白胡椒粉 0.5g、美极酱油 0.2g。
配菜：
　德国奶酪香肠 10g。
工具：
　菜板、西餐刀、水果刀、原料盘、汤匙。
器皿：
　10 英寸汤盘。

序号	评价要素
1	标准份量
2	色泽：绿色、间有香肠色
3	香气：奶香、豆香
4	口味：咸、鲜
5	形态：半流体、汤菜均匀、装盘合理
6	质感：爽口、细腻、有稠度
7	成品安全卫生

问：如何才能取得高分？
答：1. 顺滑的口感、浓稠的汤汁。
　　2. 口味清爽。

实例 **23** 意大利蔬菜汤

 操作时间：40min。

—— 意大利面
—— 罗勒碎

操作方法：

a. 洋葱、绿节瓜、黄节瓜、西芹、胡萝卜、卷心菜、土豆、番茄切粒备用。

b. 黄油炒香洋葱、香叶、罗勒后加蒜泥炒香，加入番茄酱炒透，加入胡萝卜、西芹、卷心菜炒透后加鸡基础汤煮至蔬菜半熟时加入土豆、黄、绿节瓜煮至蔬菜酥而不烂，最后加入番茄煮沸，调味出锅。

c. 装盆时先将意大利面置于汤盆底，盛入蔬菜汤，最后撒上芝士粉即可。

操作要点：

a. 蔬菜酥烂。

b. 意大利面不宜煮太熟。

问题思考：

a. 汤中撒上芝士粉的作用是什么？

b. 汤中放入罗勒的作用是什么？

* 配菜不能超过主料的 1/3

主料：

洋葱 10g、绿节瓜 10g、黄节瓜 15g、西芹 10g、胡萝卜 10g、卷心菜 10g、土豆 10g、番茄 15g、蒜泥 5g。

调料：

黄油 15g、盐 2g、白胡椒粉 0.5g、香叶 0.5g、罗勒 0.5g、番茄酱 4g、鸡基础汤 500mL、芝士粉 5g。

配菜：

意大利面 10g。

工具：

菜板、西餐刀、水果刀、原料盘、汤匙。

器皿：

10 英寸汤盘。

序号	评价要素
1	标准份量
2	色泽：浅红色、兼有蔬菜色
3	香气：奶酪香、蔬菜香、香料香
4	口味：咸、鲜
5	形态：流体、汤菜均匀、装盘合理
6	质感：蔬菜软、清爽、有稠度
7	成品安全卫生

问：如何才能取得高分？
答：1. 顺滑的口感、浓稠的汤汁。
　　2. 口味清爽。

实例 24 法式洋葱汤

🕐 操作时间：40min。

———— 面包片
———— 奶酪

操作方法：

a. 洋葱切成细丝。汤锅烧热加入植物油，放入洋葱丝炒香，呈深褐色。

b. 加红酒浓缩后，倒入牛基础汤，烧开调味。

c. 把汤盛入汤盅内，上置撒上奶酪粉的面包片，放入180℃的烤箱中烤至奶酪呈金黄色即可。

操作要点：

洋葱炒至干香，同时色泽为咖啡色。

问题思考：

a. 洋葱汤中放入奶酪面包一同入烤箱中烘烤的目的是什么？

b. 为何洋葱需要炒至干香？

序号	评价要素
1	标准份量
2	色泽：褐色
3	香味：洋葱香、牛肉香、奶酪香
4	口味：咸、鲜
5	形态：流体、汤菜搭配合理、装盘八分满
6	质感：洋葱软而不烂、润滑、面包松软
7	成品安全卫生

* 配菜不能超过主料的 1/6

主料：

洋葱 250g。

辅料：

奶酪粉 8g、油面酱 10g、牛基础汤 300mL。

调料：

黄油 3g、植物油 20mL、红酒 5mL、盐 1g、胡椒粉 0.5g。

配菜：

咸土司面包 1 片（5cm×0.5cm）。

工具：

菜板、西餐刀、水果刀、原料盘、汤匙。

器皿：

10 英寸汤盘。

问：如何才能取得高分？
答：1. 顺滑的口感、浓稠的汤汁。
　　2. 香味浓郁。

模块四

热菜制作

技能要求

1. 掌握各类配菜的制作。
2. 掌握基础热沙司的变化及制作要点。
3. 掌握热菜的制作方法及要点。

西餐热菜大多数用动物性原料制作，而其配菜一般由植物性原料组成。这样就使一份菜肴既有丰富的蛋白质、脂肪，又含有丰富的维生素、无机盐，从而使营养搭配更趋合理，以达到营养全面的目的。表 4-4-1、表 4-4-2 和表 4-4-3 分别对西餐中使用较多的土豆类配菜、谷物类配菜和常用蔬菜类配菜的制作进行了介绍。

表 4-4-1 土豆类配菜表

名称	原料	制作过程
炸气鼓土豆 puffed potatoes	土豆 100g、植物油 500mL、盐 2g、胡椒粉 1g	1. 土豆洗净，去皮，切成直角六面体，再切成约 3mm 厚的片 2. 土豆片放入水中洗净，捞出用干布擦干水分 3. 植物油倒入锅中，上炉烧至 120℃ 左右，把土豆片放入，并轻轻晃动油锅，至土豆片表面略微膨胀后捞出 4. 立即再将土豆片放入 150℃ 的油锅中炸，使其迅速膨胀，上色，捞出，沥干油，撒上盐、胡椒粉调味

（续表）

名称	原料	制作过程
公爵夫人式土豆（duchess potatoes）	土豆200g、黄油20g、蛋黄1个、鸡蛋1个、盐1g、胡椒粉0.5g	1. 土豆洗净，削去皮，切成大块，放入水中上炉子煮熟 2. 将熟土豆放入筛箩上擦成泥 3. 土豆泥放入锅中加入黄油、蛋黄、盐、胡椒粉搅拌均匀 4. 将土豆泥装入裱花袋内 5. 烤盘上擦上油，用裱花袋在烤盘上挤出直径4~5cm、高2~2.5cm的带螺纹的土豆泥花形 6. 原料入烤盘，放进230~250℃烤箱内，烤约2~3min，使其定形结壳后取出，刷上蛋液 7. 再放入烤箱内烤至上色
焗带皮土豆（baked jacked potatoes）	土豆1个，黄油10g，芝士粉10g，盐2g、胡椒粉1g	1. 挑选形状整齐、外表光滑的土豆，洗净 2. 用小刀沿土豆四周切1个约2cm深的口 3. 将切好口的土豆放入用盐垫底的烤盘内，放入160~180℃的烤箱，约30min时转动一下土豆，烤至土豆熟透（约烤1h） 4. 取出土豆、顺切口分为两半，用小匙将土豆肉从皮中取出，放入碗内 5. 将土豆用盐、胡椒粉、黄油搅拌均匀 6. 再将调味的土豆填入土豆皮壳内，撒上芝士粉，浇上黄油 7. 放入230℃的烤箱，将表面烤上色
王妃式焗土豆片（potatoes princess）	土豆100g、黄油30g、芝士粉15g、鸡基础汤50mL、盐1g、胡椒粉1g	1. 将土豆去皮，切成2~3mm厚的圆片 2. 模盘内抹一层黄油，将土豆片平摆于模盘内，每一层撒一次盐和胡椒粉，摆至3cm高为止 3. 加入鸡基础汤，淋上熔化的黄油，最后撒上芝士粉 4. 放入160℃烤箱，烤至土豆熟、水分干、颜色黄 5. 食用时，用小圆模压出一个个小圆柱状土豆，放入盘中即可
炸土豆丸（fried potatoes）	土豆100g、面粉10g、鸡蛋1个、面包粉50g、黄油40g、植物油500mL、盐1g、胡椒0.5g	1. 土豆洗净，去皮，切成大块放入盐水中煮熟 2. 用筛子将土豆擦成泥 3. 在土豆泥中放入盐、胡椒粉搅拌均匀 4. 将土豆泥做成直径约3cm的小圆球 5. 将土豆球蘸上面粉、鸡蛋液、面包粉 6. 油锅上炉烧至150℃左右，把土豆球放入，炸至金黄色，捞出，沥干油 7. 淋上熔化的黄油

（续表）

名称	原料	制作过程
噢勃令煎土豆 (olbrilliant fried potatoes)	土豆 200g、青红辣椒各 30g、芹菜 30g、面粉 10g、黄油 20g、盐 2g、胡椒粉 1g、植物油 200mL	1. 土豆洗净、去皮，放入淡盐水中煮熟 2. 将土豆、青红辣椒、芹菜都切成骰子形小丁 3. 在土豆丁、青红辣椒丁、芹菜丁中加入盐、胡椒粉及面粉拌和，捏成直径 5cm 左右的饼状 4. 煎盘加植物油烧热，将土豆饼放入，两面煎黄，随后去余油，再加入黄油即可
土豆泥 (mush potatoe)	土豆 200g、奶油 70g、黄油 10g、牛奶 50mL、盐 2g、胡椒粉 1g	锅烧开水，放入土豆，待煮至酥烂后捞出压碎，然后放入奶油、黄油和牛奶调味搅拌成所需的厚度即可

表 4-4-2　谷物类配菜

名称	原料	制作过程
东方式炒饭 (rile a la oriental)	长粒大米 80g、碎花生米 10g、煮鸡蛋半个、油炸葡萄干 10g、炸洋葱丁 10g、黄油 15g、盐 2g	1. 大米洗净，加盐、水，上蒸箱，蒸熟取出，冷却 2. 煎盘上炉子，加黄油烧热，加入米饭炒透 3. 最后加入碎花生米、炸洋葱丁、煮鸡蛋丁和炸葡萄干，炒透即可
蛋黄面 (noodle)	面粉 100g、鸡蛋 2 个、盐 2g、植物油 20mL	1. 将面粉先用筛子筛过放在案板上，中间开窝，加入盐、鸡蛋和成面团，上盖湿布，静置 20min 2. 然后用面棍将面团擀成薄片（越薄越好），再将薄片切成所需规格的面条 3. 锅内加入清水和少许盐煮沸，随即放入蛋黄面条，待面条上浮时捞出，沥干水，倒入盛器内，加入植物油拌匀即可
厨房饭 (cook rice)	长粒大米 70g、鸡基础汤 300mL、洋葱末 10g、植物油 40mL、玉桂香叶 1 片、盐 2g、胡椒粉 1g	1. 将长粒大米洗净沥干 2. 锅内加植物油上炉子烧热，将洋葱末放入炒香，加入大米、香叶，继续炒香，加入精盐、胡椒粉拌匀，最后加入鸡基础汤，煮沸后改用小火焖熟即可

（续表）

名称	原料	制作过程
煎玉米饼 (sweet corn fritter)	甜玉米粒 100g、面粉 20g、鸡蛋 1 个、糖 10g、植物油 30mL	1. 将玉米放入碗中，加入糖、鸡蛋、面粉搅拌均匀成面团 2. 煎盘加油上炉子烧热，将面团做成直径 8cm、厚 1cm 的圆饼放入煎盘 3. 将玉米饼两面煎黄至熟即可
炸脆皮米饭丸子 (fried rice balls)	米饭 100g、洋葱 10g、火腿 10g、黄油 5g、鸡蛋 1 个、面粉 10g、面包粉 25g、盐 1.5g、胡椒粉 1g、蛋液 25g、植物油 500mL	1. 将洋葱切成末，火腿切成饭粒大小 2. 煎盘上炉子加黄油将洋葱末炒香但不上色，加入火腿粒炒匀待用 3. 将米饭、鸡蛋、炒好的洋葱、火腿粒、盐、胡椒粉混合搅拌均匀，做成直径为 3~4cm 的丸子 4. 将米饭球蘸上面粉，拖上蛋液，蘸上面包粉 5. 油锅上炉子烧至 170℃，将米饭丸子放入炸至金黄色，捞出，沥干油即可

表 4-4-3 常用蔬菜类配菜

名称	原料	制作过程
炒紫卷心菜丝 (red cabbage slow apple sauce)	紫卷心菜 50g、苹果沙司 15g、黄油 10g、盐 1g、胡椒粉 1g	1. 紫卷心菜去老叶洗净，剔除粗梗，切成丝 2. 煎盘加黄油烧热，放入菜丝，炒至六成熟时，加入盐、胡椒粉，炒至菜丝成熟 3. 最后加入苹果沙司拌匀即可 苹果沙司的制法： 1. 苹果去皮、去芯，切成片 2. 煎盘中加糖和苹果，用小火炒至苹果酥软 3. 苹果片用粉碎机粉碎成蓉 4. 苹果蓉放入锅中加糖水，上炉子，用小火熬至成稠即可
红焖洋葱 (braised onion)	小洋葱 5 个、黄油 30g、布朗沙司 100mL、玉桂香叶 1 片、盐 2g、胡椒粉 1g	1. 把小洋葱外皮剥去，洗净，切丝 2. 锅中放入黄油，上炉子烧热，倒入小洋葱。将小洋葱煎煮黄 3. 锅内加入布朗沙司、盐、胡椒粉、香叶 4. 用小火焖 15min 左右至小洋葱软烂即可

（续表）

名称	原料	制作过程
白脱煎洋百合 (fried green artichokes in butter)	洋百合 50g、黄油 10g、盐 1g、胡椒粉 0.5g	1. 把洋百合洗净，放入沸水中，氽烫后捞出冷却 2. 剥去洋百合外衣，对剖切成 3mm 厚的薄片 3. 洋百合片上撒上盐、胡椒粉 4. 煎盘上炉子，将洋百合薄片放入，用小火将其两面煎黄即可
花旗煮刀豆 (American boiled beans)	刀豆 500g、培根 50g、植物油 25g、鸡基础汤 125mL、盐和胡椒粉适量	1. 将刀豆洗净，去筋去蒂，切成 4cm 长的段 2. 锅中放入水，加入少量盐烧开，放入刀豆焯水，捞出冲凉、沥干 3. 培根切成碎状 4. 煎盘加油上炉子烧热，放入培根碎煎黄至脆 5. 将刀豆倒入煎盘与培根一起炒，加盐、胡椒粉和鸡基础汤，用旺火煮沸即可
奶油烩白扁豆 (lablab beans in cream sauce)	白扁豆 80g、奶油沙司 150mL、黄油 10g、盐 2g、胡椒粉 1g	1. 将白扁豆洗净，用小火煮酥，捞出沥干水分 2. 将奶油沙司、黄油、盐、胡椒粉一起放入沙司锅中隔水蒸沸，再将白扁豆倒入奶油沙司中拌匀蒸热即可
司刀芬蘑菇 (stuffed mushroom)	新鲜蘑菇 6 只、火腿 15g、荷兰芹 1g、黄油 10g	1. 将新鲜蘑菇洗净，放入锅中加水、盐，上炉子煮熟，捞出蘑菇 2. 摘下蘑菇柄，与火腿、荷兰芹一并切成末 3. 将黄油放入碗中搅拌起松，放入蘑菇柄末、火腿末和荷兰芹末拌匀，制成填充料 4. 将填充料嵌入摘去柄的蘑菇的洞孔内，外部抹平（注意形态要丰满，蘑菇的周围不要粘上填充料）
奶油烩蔬菜 (stewed vegetables in cream sauce) （以 10 份计算）	土豆 500g、胡萝卜 500g、青豆 300g、鲜蘑片 200g、奶油沙司 800mL、黄油 100g、盐 10g	1. 把土豆、胡萝卜切成丁，用沸水煮熟，沥干水分 2. 把黄油化开，放入鲜蘑片稍炒，放入土豆、胡萝卜、青豆、奶油沙司拌匀，调好浓度，再放入盐调味，待沙司起沸即可

（续表）

名称	原料	制作过程
法式烩茄子 (stewed eggplant French style)（以10份计算）	净茄子2000g、葱头300g、鲜西红柿750g、青椒250g、大蒜25g、盐15g、胡椒粉2g、香叶2片	1. 茄子切成块，用热油炸上色，把油沥净 2. 葱头切成丁，大蒜切片，青椒、西红柿切块 3. 把葱头用油炒香，放入蒜片和香叶稍炒，再放入青椒、西红柿炒透，放入茄子，调入盐、胡椒粉，在微火上烩透即可
法式拌菜花 (French mixed cauliflower)	菜花150g、葱头5g、精盐1g、胡椒粉0.5g、橄榄油20mL、芹菜叶4g、葱头10g、醋精1g	菜花摘成小朵，用沸水烫熟，葱头切小丁，芹菜叶切末，放入盘内，然后放入橄榄油、胡椒粉、精盐、醋精拌匀即可

　　热菜用的沙司即热沙司可分为浓、薄、稀、清四种。制作沙司以基础牛肉汁或基础鸡汤、基础鱼汤、蔬菜汤、牛奶、酸牛奶、酒、油脂、香料和各种调料为原料。西餐菜式的变化，很多就是因为使用了不同的沙司。表4-4-4介绍了西餐中各类沙司的制作方法。

表4-4-4　各类沙司的制作

名称	原料	制作过程
红酒沙司 (red wine sauce)	洋葱末15g、红葡萄酒200mL、布朗沙司100mL、他拉根香草3g、荷兰芹末1g、黄油50g	将黄油放入沙司锅，下洋葱末炒香，加入红葡萄酒，烧煮，然后倒入布朗沙司、他拉根香草，在火上熬香，最后撒上荷兰芹末即可。红酒沙司常用于煎小牛排
蜂蜜沙司 (honey sauce)	糖15g、蜂蜜10g、布朗沙司150mL、火腿皮10g	将糖放入沙司锅，用中火熬至棕红色，然后加入布朗沙司，调入蜂蜜，放入火腿皮，用小火煮透，最后去掉火腿皮即可。蜂蜜沙司常用于丁香焗火腿
马德拉沙司 (Madeira sauce)	马德拉酒20mL、布朗沙司150mL	在沙司锅内倒入马德拉酒，稍熬，然后加入布朗沙司，煮透即可

（续表）

名称	原料	制作过程
蘑菇沙司 (mushroom sauce)	洋葱末 20g、蘑菇片 50g、白兰地酒 30mL、布朗沙司 150mL、黄油 50g	黄油放入沙司锅，把洋葱末放入炒香，加入蘑菇片稍炒，烹入白兰地酒，倒入布朗沙司，在火上煮透，并把汁收浓，调好口味即可。注意：白兰地酒不能多加，不然沙司会产生苦味
杂香草沙司 (mix herbs sauce)	洋葱末 10g、大蒜末 4g、杂香草 5g、红葡萄酒 200mL、布朗沙司 150mL	黄油放入沙司锅，加入洋葱末、大蒜末炒香，加入杂香草、红葡萄酒、布朗沙司煮透即可
迷迭香沙司 (rosemary sauce)	烤火鸡的原汁及烤鸡骨的原汁 100mL、红葡萄酒 500mL、迷迭香 2g、布朗沙司 150mL	在布朗沙司内加入烤鸡及烤鸡骨的原汁，然后放入迷迭香、红葡萄酒煮透即可，这种沙司常用于配烤鸡
鲜橙沙司 (orange sauce)	布朗沙司 150mL、柠檬皮末 5g、橙皮末 5g、橙汁 50mL、橘子甜酒 15mL、杜松子酒 10mL、白糖 15g	糖放入沙司锅炒至棕红色，倒入布朗沙司，加入柠檬皮末、橙皮末、橙汁、橘子甜酒、杜松子酒、少许白糖，熬至适当的浓度，过滤后即可。鲜橙沙司常用于烤鸭
胡椒沙司 (pepper sauce)	洋葱末 20g、大蒜末 5g、白兰地酒 8mL、红葡萄酒 20mL、鲜奶油 15mL、布朗沙司 200mL、黑胡椒碎 8g、黄油 50g	将洋葱末、大蒜末放入沙司锅中用黄油炒香，烹入白兰地酒、红葡萄酒，稍煮，倒入布朗沙司、胡椒碎，煮成一定的厚度，加入奶油即可。胡椒沙司可用于煎肉扒等菜肴
魔鬼沙司 (deviled sauce)	洋葱末 15g、红葡萄酒 80mL、烤肉原汁 50mL、布朗沙司 150mL、杂香草 5g、黄油 50g、盐和胡椒适量	洋葱末和杂香草放入沙司锅，用红葡萄酒煮透，再倒入布朗沙司和烤肉的原汁煮透，适度加入盐、胡椒粉调好口味，最后加入黄油调成适当浓度即可。魔鬼沙司常用于配烤羊排

（续表）

名称	原料	制作过程
罗伯特沙司 (Robert sauce)	酸黄瓜 15g、火腿丝 10g、蘑菇片 10g、洋葱末 10g、布朗沙司 200mL、法国黄芥末 5g、黄油 50g、柠檬汁 5mL、鲜奶油 10mL	沙司锅中放入黄油将洋葱末炒香，加入酸黄瓜丝、火腿丝、蘑菇片，稍炒，加入布朗沙司稍煮，然后放入芥末和柠檬汁，最后用鲜奶油调制浓度并调好口味即可。这种沙司常用于猪肉类的菜肴
巴诗沙司 (Bercy sauce)	布朗沙司 200mL、荷兰芹末 8g、洋葱末 5g、白葡萄酒 50mL、胡椒 3g、黄油 50g	沙司锅中放入黄油、洋葱末炒香、炒黄，加入白葡萄酒、胡椒、布朗沙司，煮沸，然后过滤，最后加入荷兰芹末即可
波尔多汁 (Bordelaise sauce)	洋葱末 30g、胡椒子 10 粒、他拉根香草 5g、胡椒粉 1g、荷兰芹 3g、红葡萄酒 50mL、布朗沙司 150mL、黄油 50g	沙司锅中放入洋葱末用黄油炒黄，加入胡椒子、他拉根香草、胡椒粉、荷兰芹及红葡萄酒煮透，然后过滤去渣，最后加入布朗沙司煮匀即可
巴黎沙司 (Paris sauce)	浓稠布朗沙司 250mL、碎冬葱头 3g、碎荷兰芹 3g、黄油 50g、香叶 1 片、盐 1.5g、胡椒粉 1g、牛肉汁 50mL、红酒 50mL、柠檬汁适量	碎荷兰芹、柠檬汁、盐、胡椒粉、牛肉汁、红酒、黄油和香叶一起放入布朗沙司内，用小火慢煮 15min 左右。冬葱头下锅炒至牙黄色时，倒入沙司内拌匀，烧沸片刻即成
奶油莳萝沙司 (dill cream sauce)	鱼基础汤制作的奶油沙司 200mL、白葡萄酒 50mL、鲜奶油 50mL、莳萝 3g	奶油沙司内加入莳萝、鲜奶油、白葡萄酒，搅匀，煮透，调好口味。这种沙司常用于烩海鲜

（续表）

名称	原料	制作过程
龙虾油沙司（lobster cream sauce）	龙虾壳 500g、洋葱碎 5g、胡萝卜碎 10g、芹菜碎 5g、玉桂香叶 2 片、迷迭香 3g、白兰地酒 20mL、鱼基础汤制作的奶油沙司 200mL、鲜奶油 30mL、黄油 50g	先将龙虾壳切碎放入烤盘，洋葱碎、胡萝卜碎、芹菜碎、玉桂香叶、迷迭香一起放入烤盘加入黄油进烤箱烤至上色，然后放入少量水和白兰地酒，再烤半小时取出，将虾油过滤。最后把虾油调入奶油沙司内，加奶油煮透即可
奶油奶酪沙司（cream cheese sauce）	奶油沙司 200mL、芝士粉 15g、鸡蛋黄半只	在奶油沙司内放入芝士粉煮透，再放入调稀的蛋黄即可。此种沙司常用于焗类菜肴
红花奶油沙司（saffron cream sauce）	奶油沙司 200mL、白葡萄酒 20mL、红花 2g	在奶油沙司内放入白葡萄酒和用热水泡好的红花，煮透即可
他拉根沙司（tarragon sauce）	白葡萄酒 50mL、奶油沙司 150mL、他拉根 2g、奶油 50mL	先把他拉根香草放入白葡萄酒用小火煮软、煮透，放入奶油沙司内，调入奶油，煮透即可
布列塔尼沙司（Bretonne sauce）	奶油沙司 200mL、芹菜 15g、大蒜 15g、黑木耳 15g	芹菜、大蒜、黑木耳全部切丝，放沸水中煮熟，取出。然后放入奶油沙司中拌匀即可
水瓜柳沙司（caper sauce）	水瓜柳 20g、柠檬汁适量、奶油沙司 200mL	奶油沙司中放入水瓜柳、柠檬汁煮透，拌匀即可

（续表）

名称	原料	制作过程
外交沙司 (diplomatic sauce)	鱼基础汤制作的奶油沙司 250mL、蘑菇片 20g、龙虾肉 15g、黑木耳 10g	龙虾肉切片，黑木耳切大片。奶油沙司中放入蘑菇片、龙虾肉片、黑木耳片煮熟、煮透，拌匀即可
荷兰沙司 (Hollandaise sauce)	蛋黄 10 个、清黄油 2000mL、白葡萄酒 100mL、玉桂香 3 片、黑胡椒粒 1g、洋葱末 10g、红酒醋 50mL、柠檬半个、盐 2g、胡椒粉 1g、辣酱油 3g	1. 把红酒醋、香叶、黑胡椒粒、柠檬、洋葱末放入沙司锅内，煮成浓汁过滤 2. 把蛋黄放入沙司锅内，然后沙司锅隔水放入锅内，水温掌握在 50～60℃，放入白葡萄酒，用蛋扦打至发起。再逐渐加入温热的清黄油，并不断搅动，使之融为一体，然后放入盐、胡椒粉、辣酱油和浓汁，搅匀，放在温热处保存即可
马尔太沙司 (Maltese sauce)	橙汁 25mL、橙皮丝 20g、荷兰沙司 200mL	在荷兰沙司内加入橙汁、橙皮丝搅匀即可。这种沙司常配芦笋食用
穆斯林沙司 (Muslim sauce)	鲜奶油 25mL、荷兰沙司 150mL	把奶油打发，然后倒入荷兰沙司内搅匀即可。这种沙司常用于焗类菜肴
班尼士沙司 (Beamaise sauce)	他拉根香草 3g、荷兰芹末 3g、白酒醋 20mL、荷兰沙司 150mL	他拉根香草切碎，用白酒醋煮软，倒入荷兰沙司内，再加入荷兰芹末搅匀即可。这种沙司常用于配烤牛柳
牛扒沙司 (beef steak sauce)	班尼士沙司 100mL、布朗沙司 20mL	在班尼士沙司内加入布朗沙司搅匀即可。这种沙司常用于配牛扒类菜肴
番茄沙司 (tomato sauce)	鲜番茄 15kg、番茄酱 2kg、植物油 50mL、面粉 25g、洋葱 24g、大蒜 500g、糖 2g、盐 1g、胡椒粉 0.5g、百里香 1g、罗勒 1g、香叶 1 片	1. 把番茄洗净，在沸水中过一下，去皮去蒂，用粉碎机打碎 2. 把葱头、大蒜切成末，用植物油炒香，加入番茄酱炒出红油，放入面粉炒香后加入鲜番茄汁，搅匀，随之加入百里香、罗勒、香叶、糖、盐、胡椒粉，在微火上煮稠即可

（续表）

名称	原料	制作过程
番茄杂香草沙司 (tomato mix herbs sauce)	洋葱末 8g、番茄丁 30g、杂香草 3g、红葡萄酒 50mL、番茄沙司 50mL、布朗沙司 80mL、黄油 50g	洋葱末放入沙司锅用黄油炒香，加入番茄丁、杂香草稍炒，烹入红葡萄酒，最后加入番茄沙司、布朗沙司调匀即好
普罗旺沙司 (Provence sauce)	洋葱末 5g、大蒜末 5g、白酒醋 10mL、黑橄榄丁 5g、蘑菇丁 15g、番茄沙司 100mL、荷兰芹末 2g	白酒醋倒入沙司锅放入洋葱末、大蒜末煮透，加入番茄沙司煮沸，最后加入黑橄榄丁、蘑菇丁、荷兰芹末搅匀，煮沸即可
葡萄牙沙司 (Portuguese sauce)	番茄 30g、洋葱末 20g、大蒜末 10g、布朗沙司 150mL、番茄沙司 100mL、荷兰芹末 3g	沙司锅加油，放入洋葱末、蒜末炒香，番茄去皮去籽切成丁，放入沙司锅，再加入布朗沙司和番茄沙司，煮开后加入黄油，撒上荷兰芹即可
咖喱沙司 (curry sauce)	咖喱粉 8g、咖喱酱 10g、黄姜粉 3g、什锦水果（苹果、香蕉、菠萝）100g、鸡基础汤 300mL、洋葱 5g、大蒜 3g、姜 8g、尖辣椒 8g、植物油 100mL、玉桂香叶 2 片、丁香 2 粒、椰子奶 100mL、淡奶 100mL、盐 1.5g、胡椒粉 0.5g、糖 2g	把各种蔬菜洗净，洋葱、大蒜、姜、辣椒全部切末，水果去皮、去籽、切片 锅中加油，烧热，加入洋葱末、大蒜末、姜末和辣椒末炒香，放入咖喱粉、咖喱酱、黄姜粉、丁香、香叶炒香，再放入水果片稍炒，放入鸡基础汤，在微火上煮 2h 至水果较烂时，再用打碎机把沙司中的原料打碎，加入盐、胡椒粉、糖、椰子奶、淡奶调好口味煮沸过滤。如浓度不够可加油炒面粉调剂浓度

（续表）

名称	原料	制作过程
黄油沙司（butter sauce）	黄油 200g、法国芥末 5g、冬葱末 2g、葱头末 5g、小葱 4g、水瓜柳 5g、牛膝草 1g、莳萝 1g、他拉根香草 2g、银鱼柳 1g、大蒜 2g、白兰地酒 20mL、马德拉酒 10mL、辣酱油 1mL、咖喱粉 1g、红椒粉 1g、柠檬皮 1g、橙皮 1g、橙汁 1mL、盐 2g、鸡蛋黄 1 个	1. 把黄油放入温暖的地方待其软化，然后将其打松膨胀 2. 用黄油把冬葱末、葱头末、蒜末炒香，再加入除蛋黄以外的所有原料稍炒。待凉后放入经打发的黄油中搅拌均匀，最后放入鸡蛋黄搅匀 3. 把黄油放入挤袋挤成奶油花，也可用油纸卷成卷，放入冰箱冷藏，随用随取。黄油沙司常用于焗牛排
蜗牛黄油（snail butter）	黄油 200g、荷兰芹 10g、冬葱末 8g、洋葱末 10g、银鱼柳 4g、他拉根香草 3g、牛膝草 1g、白兰地酒 10mL、柠檬汁 8mL、红椒粉 3g、水瓜柳 5g、咖喱粉 3g、盐 1g、胡椒 1g、辣酱油 8mL、鸡蛋黄 1 个	1. 把黄油放在温暖的地方待其化软，然后将其打松膨胀 2. 用黄油把冬葱末、洋葱末炒香，再加入除蛋黄外的所有原料炒香。待凉后放入经打发的黄油中搅拌均匀，然后放入鸡蛋黄拌匀 3. 把黄油放入挤花袋挤成奶油花，也可用油纸卷成卷，放入冰箱冷藏，随用随取。蜗牛黄油主要用于焗蜗牛
柠檬黄油（lemon better）	黄油 200g、柠檬汁 10mL、辣酱油 4mL、荷兰芹 1g、盐 1g、胡椒 1g	1. 把黄油放在温暖的地方待其化软，然后将其打法膨胀，加入柠檬汁、辣酱油、盐、胡椒粉、荷兰芹末搅匀 2. 把黄油放入油纸上卷成卷，放入冰箱冷藏，随用随取。柠檬黄油可配牛扒，如放些莳萝可用于配煎海鲜
文也沙司（meuniere sauce）	黄油 200g、水瓜柳 10g、柠檬肉丁 5g、荷兰芹末 3g、白葡萄酒 5mL、柠檬汁 2mL、辣酱油 3mL、盐 1g、胡椒 0.5g	把白葡萄酒、柠檬汁、辣酱油放入沙司锅中加热，再放入黄油、不停地搅拌至黏稠上劲，最后放入柠檬肉丁、水瓜柳、荷兰芹末即可。文也沙司多用于煎鱼和海鲜类菜肴

实例 25 奶油龙虾汁

🕐 操作时间：15min。

操作方法：
　a. 小龙虾洗净后入烤箱烤熟。
　b. 锅烧热倒入黄油，然后放入洋葱、胡萝卜、西芹、百里香、香叶炒香后加入小龙虾、白兰地、白葡萄酒稍炒，加水煮至汤浓。
　c. 将小龙虾连同汤汁用粉碎机打碎后，过滤，用盐、白胡椒粉调味即可。

操作要点：
　a. 小龙虾需要放入烤箱烤熟、烤透。
　b. 白兰地和白葡萄酒不需要放太多，以提味为主。

问题思考：
奶油龙虾汁一般用于制作什么菜肴？

主料：
　小龙虾 250g。
辅料：
　洋葱 60g、西芹 30g、胡萝卜 30g、香叶 1g、百里香 1g。
调料：
　盐 2g、白胡椒粉 1g、白兰地 5mL、白葡萄酒 20mL、黄油 25g。
工具：
　菜板、西餐刀、原料盘、汤匙。
器皿：
　沙司盅。

序号	评价要素
1	成品不低于 70g
2	色泽：浅红色
3	香气：虾香、奶香、酒香
4	形态：流体、有光泽
5	口味：鲜、微咸
6	质感：细腻、滑爽
7	成品安全卫生

问：如何才能取得高分？
答：1. 酱汁厚薄均匀。
　　2. 酱汁口味适中，色泽饱满。

实例 26 雪梨酒沙司

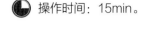
操作时间：15min。

操作方法：
　　布朗沙司煮沸后加入雪梨酒再次煮沸。用黄油调节稠度，最后加入盐、白胡椒粉调味。

操作要点：
　　a. 雪梨酒需要在布朗沙司烧开后加入。
　　b. 雪梨酒不需要放太多，以提味为主。

问题思考：
　　雪梨酒沙司一般用于制作什么菜肴？

主料：
　　布朗沙司 100mL、雪梨酒 10mL。
调料：
　　盐 1g、白胡椒粉 0.5g、黄油 20g。
工具：
　　菜板、西餐刀、原料盘、汤匙。
器皿：
　　沙司盅。

序号	评价要素
1	成品不低于 70g
2	色泽：浅褐色
3	香气：酒香、牛肉香、奶香
4	形态：流体、有光泽
5	口味：鲜、微咸
6	质感：滑爽、细腻、酒味适中
7	成品安全卫生

问：如何才能取得高分？
答：1. 酱汁厚薄均匀。
　　2. 酱汁口味适中，色泽饱满。

实例 ㉗ 干葱沙司

操作时间：15min。

操作方法：

a. 将干葱切丝，备用。

b. 锅烧热放入色拉油，下干葱丝炒香并成焦黄色，最后加入红葡萄酒，煮至浓稠，粉碎过滤。

c. 布朗沙司煮沸加入以上经过滤的汁水中，用黄油调节稠度，最后加盐、白胡椒粉调味。

操作要点：

a. 干葱炒至干香，色泽焦黄。

b. 红葡萄酒以恰好浸没过洋葱为佳。

问题思考：

干葱沙司一般用于制作什么菜肴？

主料：

干葱（20g/只）5只、布朗沙司 100mL。

调料：

盐 0.5g、白胡椒粉 0.5g、黄油 5g、红葡萄酒 200mL、色拉油 75mL。

工具：

菜板、西餐刀、原料盘、汤匙。

器皿：

沙司盅。

序号	评价要素
1	成品不低于 70g
2	色泽：浅棕色
3	香气：干葱香、牛肉香、黄油香
4	形态：流体、有光泽
5	口味：鲜、微咸
6	质感：滑爽、表面细腻、干葱味浓郁
7	成品安全卫生

问：如何才能取得高分？

答：1. 酱汁厚薄均匀。

2. 酱汁口味适中，色泽饱满。

实例 28 红甜椒沙司

 操作时间：15min。

操作方法：
　　a. 红甜椒明火烤至外焦，去皮去籽，用纯水洗净。
　　b. 将红甜椒肉加白葡萄酒煮至酥烂后用粉碎机打碎，过滤。
　　c. 滤汁入锅煮沸用黄油调节稠度，最后加少许奶油，用盐、白胡椒粉调味即可。

主料：
　　红甜椒 70g。
调料：
　　白葡萄酒 100mL、奶油 20mL、黄油 20g、盐 1g、白胡椒粉 0.5g。
工具：
　　菜板、西餐刀、原料盘、汤匙。
器皿：
　　沙司盅。

操作要点：
　　a. 红甜椒表皮取净。
　　b. 将红甜椒煮烂煮酥，以便粉碎成汁。

问题思考：
　　a. 红甜椒为何需要用明火把外层烤焦？
　　b. 红甜椒沙司一般用于制作什么菜肴？

序号	评价要素
1	成品不低于 70g
2	色泽：红甜椒本色
3	香气：酒香、蔬菜香、黄油香
4	形态：流体、有光泽
5	口味：鲜、咸、微甜
6	质感：滑爽、入口清淡
7	成品安全卫生

问：如何才能取得高分？
答：1. 酱汁厚薄均匀。
　　2. 酱汁口味适中，色泽饱满。

实例 ㉙ 奶油罗勒沙司

操作时间: 15min。

操作方法:

a. 洋葱切块加入白葡萄酒中煮浓, 过滤。

b. 罗勒加橄榄油放入粉碎机中粉碎。

c. 奶油沙司烧好后调入浓白葡萄酒滤汁, 加入粉碎后的罗勒, 搅拌均匀, 用盐、白胡椒粉调味即可。

主料:

奶油沙司 30g、罗勒叶 5g、洋葱末 5g、橄榄油 50mL。

调料:

白葡萄酒 50mL、盐 1g、白胡椒粉 0.5g。

工具:

菜板、西餐刀、原料盘、汤匙。

器皿:

沙司盅。

操作要点:

a. 奶油沙司不需太厚, 有流动感为佳。

b. 罗勒叶加橄榄油打碎时, 注意控制橄榄油用量。

问题思考:

奶油罗勒沙司一般用于制作什么菜肴?

序号	评价要素
1	成品不低于 70g
2	色泽: 奶油本色、间有罗勒叶绿色
3	香气: 酒香、奶香、香料香
4	形态: 流体、有光泽
5	口味: 鲜、咸、醇
6	质感: 滑爽、有一定稠度
7	成品安全卫生

问: 如何才能取得高分?

答: 1. 酱汁厚薄均匀。

2. 酱汁口味适中, 色泽饱满。

实例 **30** 烟肉奶油炒意粉

🕐 操作时间：35min。

—— 罗勒叶
—— 巴马臣芝士

操作方法：
a. 锅中水煮开，然后放入意大利面条煮至断生滤出，备用。
b. 把培根切成丝，取热锅，放入黄油，然后将蒜泥炒香，加培根丝炒，最后炒热意大利面条，加入盐、白胡椒粉、白葡萄酒调味，再加入奶油、芝士粉。
c. 等到面煮至浓稠入味后加入鸡蛋黄拌匀即可。

操作要点：
a. 意大利面煮至断生即可，不用太熟。
b. 培根挑选较肥的，以增加面的风味。

问题思考：
炒奶油面时为什么最后需要放个鸡蛋黄？

序号	评价要素
1	成品不低于 150g
2	色泽：汁水乳白、间意面本色、烟肉炒后呈自然色
3	香气：酒香、奶香、烟肉香
4	形态：汁水与意面自然融合、装盘八分满、成堆状
5	口味：鲜、咸适口
6	质感：滑爽、有弹性、不腻
7	成品安全卫生

＊配菜不能超过主料的 1/3

主料：
意大利面条 150g。
辅料：
鸡蛋黄（18g/个）1个、培根（27g/片）1片、奶油 75mL、芝士粉 10g、蒜蓉 6g。
调料：
白葡萄酒 20mL、盐 2.5g、白胡椒 1g、黄油 10g。
工具：
菜板、西餐刀、原料盘、汤匙、夹子。
器皿：
12 英寸汤盘。
建议使用盘式原料：
罗勒叶、荷兰芹末。

问：如何才能取得高分？
答：1. 奶香浓郁。
　　2. 鸡蛋黄不起花。

实例 **31** 德国牛肉卷

煎南瓜
甜豆
迷迭香
土豆
手指胡萝卜

操作方法：

    a. 洋葱切丝，用色拉油炒熟调味，备用。

    b. 西冷牛排拍成薄片，一面涂上黄芥末酱，放入整片培根，中间放酸黄瓜条、洋葱丝卷成牛肉卷，用牙签固定。

    c. 取锅烧热后倒入色拉油，将牛肉卷煎上色加入布朗沙司煨熟，与配菜一同装盆即可。

操作要点：

    a. 牛排拍成薄片需均匀，卷成的卷才会规整。

    b. 黄芥末酱不可涂抹太多，增加风味即可。

问题思考：

为什么洋葱切丝后要炒制而不直接包卷？

序号	评价要素
1	成品不低于 150g
2	色泽：牛肉表面为深褐色、汁水呈浅褐色、表面光泽、配菜呈新鲜自然色
3	香气：牛肉香、酒香、汁水香
4	形态：呈筒状、长 8cm、直径 2.8cm、装盘美观、牛肉厚薄均匀、搭配蔬菜合理
5	口味：鲜、咸、微酸
6	质感：肉质鲜嫩、有弹性、入口爽口、牛肉卷中必须有酸黄瓜、烟肉、洋葱、法国芥末
7	成品安全卫生

*配菜不能超过主料的 1/3

主料：

    西冷牛排 150g。

辅料：

    布朗沙司 100mL、洋葱 15g、酸黄瓜条 20g、培根（27g/ 片）1 片。

调料：

    黄芥末酱 8g、盐 2g、白胡椒粉 1g、黄油 15g、色拉油 100mL。

配菜：

    小土豆（30g/ 个）1 个、甜豆（7g/ 个）1 个、手指胡萝卜（10g/ 个）1 个，南瓜角 10g。

工具：

    菜板、西餐刀、原料盘、汤匙、夹子。

器皿：

    12 英寸平盘。

建议使用盘式原料：

    迷迭香、荷兰芹末。

问：如何才能取得高分？

答：1. 配菜合理。

     2. 牛肉卷大小均匀。

实例 ③2 意大利蔬菜饭

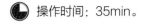 操作时间：35min。

操作方法：
　a. 洋葱切末、黄、绿节瓜、番茄切粒备用。
　b. 洋葱、蒜蓉用色拉油炒香，加入黄、绿节瓜，加入大米、高汤（高汤刚好浸没大米）烧煮。
　c. 煮沸后用小火烧，边煮边搅拌，并不断加入高汤。煮至米饭8分熟，放入盐和胡椒调味，同时加入帕马森奶酪、黄油搅拌，至奶酪溶化装盘（约15min）。
　d. 将煮好米饭装汤盘，上面用炸罗勒叶装饰即可。

操作要点：
　在烹制的时候，必须不停地搅拌，以防粘底。

问题思考：
　如何观察意大利饭是全熟还是半生半熟？

序号	评价要素
1	成品不低于150g
2	色泽：米饭微黄、间有蔬菜色、有光泽
3	香气：黄油香、酒香、奶酪香
4	形态：装盘成堆状、蔬菜与米饭配比合理、装盘八分满
5	口味：鲜、咸适口
6	质感：糯、米粒有"咬"劲、滑爽、有拉丝感
7	成品安全卫生

主料：
　大米80g。
辅料：
　洋葱20g、黄节瓜25g、绿节瓜25g、番茄25g、蒜蓉6g、奶酪15g、高汤150mL。
调料：
　盐2.5g、白胡椒粉1g、黄油10g、色拉油25mL。
配菜：
　新鲜罗勒叶1g。
工具：
　菜板、西餐刀、原料盘、汤匙、夹子。
器皿：
　12英寸平盘。

问：如何才能取得高分？
答：1. 配菜合理。
　　2. 饭粒均匀、装盘合理。

实例 ③③ 纸包银鳕鱼

🕐 操作时间：35min。

——— 土豆饼
——— 胡萝卜

操作方法：

　　a. 洋葱、罗勒、番茄去皮去籽切粒备用。

　　b. 银鳕鱼用洋葱、蒜泥、罗勒、番茄、柠檬、白葡萄酒、盐、白胡椒粉腌制 15min 左右。

　　c. 将腌制好的银鳕鱼取出，分别放入锡纸包好，入 200℃ 烤箱烤熟，直接装盆。

　　d. 装盘时银鳕鱼置于盘中，配菜置于周边。

操作要点：

　　银鳕鱼在烤制的时候对于温度要求比较高，烤至断生即可。

问题思考：

　　鳕鱼用锡纸包装烤制和一般的烹调方法有什么区别？

序号	评价要素
1	主料不少于 120g
2	色泽：鱼肉呈本白色、间有香料蔬菜色、鱼肉表面有光泽、配菜色泽新鲜
3	香气：鱼香、酒香、香料香
4	形态：纸包鱼为 2 块、每块鱼肉为 80g、造型美观、装盘合理美观、配菜合理
5	口味：鲜、咸、微酸
6	质感：肥而不腻、清淡爽口、鱼肉有弹性
7	成品安全卫生

＊配菜不能超过主料的 1/3

主料：

　　银鳕鱼（70g/ 片）2 片。

辅料：

　　洋葱末 15g、蒜泥 5g、番茄丁 30g、新鲜罗勒叶 5g、柠檬 20g。

调料：

　　盐 2g、白胡椒粉 1g、白葡萄酒 20mL、黄油 15g。

配菜：

　　土豆泥 50g、手指胡萝卜（1 根 /10g）2 根。

工具：

　　菜板、西餐刀、原料盘、汤匙、夹子。

器皿：

　　12 英寸平盘。

建议使用盘式原料：

　　罗勒、荷兰芹末、番茄。

问：如何才能取得高分？
答：1. 配菜合理。
　　2. 鱼肉鲜嫩。

实例 ③④ 匈牙利烩牛肉

🕐 操作时间：35min。

操作方法：

　　a. 洋葱、胡萝卜、土豆切块备用。

　　b. 将土豆块放入180℃的油温中炸出硬壳，备用。

　　c. 牛肉切成块，撒上盐、胡椒粉和红葡萄酒搅拌均匀，然后拍上面粉，最后取锅子烧热并倒入色拉油，放入牛肉煎黄。

　　d. 取热锅，放入色拉油放入洋葱块、胡萝卜块炒香、然后把煎上色的牛肉放入锅中用红椒粉炒透、接着加牛基础汤、布朗沙司、土豆，烩牛肉至酥。

　　e. 装盆，边上配黄油炒饭。

操作要点：

　　拍粉时需要拍均匀，才可以使牛肉在煎的过程中受热均匀。

问题思考：

　　胡萝卜块为什么要和洋葱一起下锅煸炒？

序号	评价要素
1	主料不少于150g
2	色泽：牛肉块深棕色、间有蔬菜色、有光泽、配菜呈新鲜色
3	香气：牛肉香、酒香、香料香
4	形态：牛肉块大小均匀、装盘美观、汁水半流体、配菜搭配合理
5	口味：鲜、咸、微酸、微辣
6	质感：口感丰富、牛肉酥而不烂、回味浓郁
7	成品安全卫生

* 配菜不能超过主料的 1/3

主料：

　　牛腿肉200g。

辅料：

　　布朗沙司100g、牛基础汤200mL、洋葱块10g、土豆块20g、胡萝卜块20g。

调料：

　　盐2g、白胡椒粉1g、红椒粉0.5g、面粉25g、红酒20mL、植物油100mL、黄油15g。

配菜：

　　黄油炒米饭50g。

工具：

　　菜板、西餐刀、原料盘、汤匙、夹子。

器皿：

　　12英寸平盘。

　建议使用盘式原料：

　　迷迭香、荷兰芹末、番茄。

问：如何才能取得高分？
答：1. 配菜合理。
　　2. 鱼肉鲜嫩。

实例 ③5 芝士焗明虾

🕐 操作时间：35min。

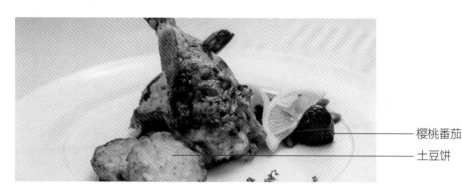

——— 樱桃番茄
——— 土豆饼

操作方法：

a. 明虾去头，洗净去沙肠，背剖开，用白葡萄酒、盐、白胡椒粉腌制。

b. 洋葱切末，方腿、培根切粒备用。

c. 洋葱末炒香后加入方腿粒、培根粒稍炒备用。

d. 烧制好的奶油沙司中加入炒过的洋葱末、方腿粒、培根粒，拌匀。

e. 明虾在剖开的背部铺上奶油沙司，撒上芝士碎，入烤箱烤熟。

f. 盘中间铺土豆泥，上面放置尾朝上的明虾，周边配上配菜。

操作要点：

a. 明虾沙肠开背后取出。

b. 烤明虾时烤箱需要预热。

问题思考：

在使用海鲜的时候为何需要搭配上柠檬？

序号	评价要素
1	主料不少于 120g
2	色泽：明虾表面金黄色、外壳烤熟后呈自然新鲜色、配菜色呈自然新鲜色
3	香气：海鲜香、酒香、奶酪香
4	形态：明虾（120g 左右）2 只，背面开刀、去筋、断筋上放用奶油炒制的洋葱烟肉、再上铺拉丝奶酪、造型美观、装盘合理美观、配菜搭配合理
5	口味：鲜、咸、酒醇
6	质感：明虾肉嫩、有弹性、奶酪有拉丝感、味觉层次丰富
7	成品安全卫生

* 配菜不能超过主料的 1/3

主料：

明虾（120g 左右）2 只。

辅料：

奶油沙司 65g、方腿 20g、培根（27g/1 片）半片、芝士 30g、洋末葱 30g、蒜蓉 5g。

调料：

盐 2g、白胡椒粉 1g、白葡萄酒 15mL、黄油 15g。

配料：

土豆饼 2 块、胡萝卜（橄榄形）（6g/ 个）2 个、甜豆（8g/ 个）2 个、柠檬角 1 个、樱桃番茄 1 个。

工具：

菜板、西餐刀、原料盘、汤匙、夹子。

器皿：

12 英寸平盘。

建议使用盘式原料：

莳萝、荷兰芹末、水瓜柳。

问：如何才能取得高分？

答：1. 配菜合理。

2. 虾肉鲜嫩、虾壳完整。

实例 **36** 炸黄油鸡卷

🕐 操作时间：35min。

—— 西兰花
—— 面包底座
—— 胡萝卜
—— 土豆

操作方法：
    a. 带骨鸡胸片拍匀，用盐、胡椒粉及白葡萄酒腌渍入味。
    b. 黄油整形成长条，裹入鸡胸中，表面裹面粉、蛋液和面包粉。开油锅，待油温升至180℃，用油炸至金黄色、捞出。
    c. 将土豆丝、油炸面包底座和鸡卷按照上述图片来进行摆盘。

操作要点：
    a. 开始应该用刀片鸡胸肉，使其厚薄一致。
    b. 黄油切成长条状，以便放入鸡胸肉内更加服帖。

问题思考：
    鸡肉卷是哪个国家的名菜？

* 配菜不能超过主料的 1/3

主料：
    带骨鸡胸 180g 1 块。
辅料：
    蛋液 30g、面包糠 25g、面粉 25g。
调料：
    黄油 30g、盐 2g、胡椒 2g、白葡萄酒 10mL。
配菜：
    西兰花（10g/朵）1 朵、橄榄土豆（7g/个）2 个、手指胡萝卜（8g/根）1 根、咸枕头面包 10g。
工具：
    菜板、西餐刀、原料盘、汤匙、夹子。
器皿：
    12 英寸平盘。
建议使用盘式原料：
    百里香、荷兰芹末、罗勒叶。

序号	评价要素
1	主料不少于 150g
2	色泽：表面呈金黄色、色泽均匀
3	香气：鸡肉香、黄油香、面包糠香
4	形态：呈圆锥状、表面不破损、装盘美观、配菜合理
5	口味：鲜、咸、醇
6	质感：外脆里嫩、鸡肉不柴、黄油全面化开
7	成品安全卫生

问：如何才能取得高分？
答：1. 外脆里嫩。
      2. 鸡肉内黄油呈流体。

实例 **37** 澳带青口贝串红花汁

⏱ 操作时间：35min。

—— 西兰花
—— 胡萝卜
—— 黄油炒面

操作方法：

a. 洋葱、红甜椒、青甜椒切块备用。

b. 用竹签依次串上洋葱块、澳带、青甜椒、青口贝、红甜椒，共三串。

c. 用盐、白胡椒粉、柠檬汁、白葡萄酒腌制海鲜串。

d. 将三串海鲜串用植物油煎熟。

e. 藏红花用白葡萄酒浸泡出颜色，奶油沙司中加入红花汁。

f. 装盆时，海鲜串上淋红花汁，边上放上配菜。

操作要点：

a. 制作的海鲜串大小一致，颜色搭配丰富。

b. 红花汁熬透，使其香味四溢。

问题思考：

海鲜串适合在哪些场合食用？

* 配菜不能超过主料的 1/3

主料：

澳带（10g/ 个）3 只、青口贝（15g/ 个）3 只、洋葱 1 只、红甜椒 1 只、青甜椒 1 只、蒜泥 4g、柠檬 半只。

调料：

盐 2g、白胡椒粉 1g、白葡萄酒 15mL、奶油沙司 60g 、藏红花 1g、沙拉油 500mL、黄油 25g。

配菜：

西兰花（10g/ 朵）2 朵、意大利面 50g、胡萝卜（橄榄形）（6g/ 个）2 个。

工具：

菜板、西餐刀、原料盘、汤匙、夹子、竹签。

器皿：

12 英寸平盘、12 寸平盘。

序号	评价要素
1	主料不少于 120g
2	色泽：青口贝、澳带表面带有金黄色，间有配菜色、汁水呈黄色、有光泽
3	香气：海鲜香、酒香、红花香
4	形态：海鲜串为三串，每串 70g，形态美观、海鲜不破损、装盘美观、配菜合理
5	口味：咸鲜、微酸
6	质感：海鲜有弹性、香嫩、汁水有立体感
7	成品安全卫生

问：如何才能取得高分？
答：1. 大小均匀。
　　2. 口感丰富。

实例 **38** 莳萝烩海鲜

🕐 操作时间：35min。

青口贝

鱼肉

柠檬

扇贝

虾仁

操作方法：

a. 洋葱、大蒜切成末，净鱼肉切块、大头虾去壳留尾、扇贝去壳。

b. 煎盘放入黄油，加洋葱末、蒜末炒香，放入各种海鲜稍炒，加入白兰地略炒，然后再倒入干白葡萄酒和淡奶油、莳萝碎，煮沸，加入盐、胡椒粉和奶油沙司，调好口味即可。

c. 土豆球放鸡汤中煮熟。罗勒叶放入油锅中炸脆。

d. 装盘时将炒熟的海鲜放入盘中，然后配上土豆球、罗勒叶和柠檬角即可。

操作要点：
莳萝不易长时间加热，不然容易变黄。

问题思考：
莳萝烩海鲜中海鲜可否随意更换？

序号	评价要素
1	主料不少于 120g
2	色泽：奶油色、海鲜色、间莳萝色、汁水光亮
3	香气：海鲜香、酒香、奶香
4	形态：海鲜完整不破、装盘美观、配菜合理、汁水呈半流体
5	口味：咸、鲜适口
6	质感：鲜嫩、海鲜有弹性、不烂、多汁、汁水不破、汁水厚薄适中、能包住海鲜、但不能成浆糊状
7	成品安全卫生

* 配菜不能超过主料的 1/3

主料：
鱼柳（80g）1 片、大头虾（15g/只）2 个、带壳扇贝（10g/个）2 个、青口贝 3 个。

辅料：
奶油沙司 70g、奶油 20mL、洋葱末 10g、蒜末 6g、莳萝碎 0.5g。

调料：
黄油 30g、干白葡萄酒 30mL、白兰地 8mL、盐 1g、胡椒粉 0.5g、米饭 50g。

配菜：
柠檬角 1 个、煮土豆球 2 个、炸罗勒叶 1 片。

工具：
菜板、西餐刀、原料盘、汤匙、夹子。

器皿：
12 英寸平盘。

建议使用盘式原料：
番茄丁、荷兰芹末、莳萝。

问：如何才能取得高分？
答：1. 原料大小一致。
　　2. 口感丰富。

实例 **39** 什锦烧烤串

 操作时间：35min。

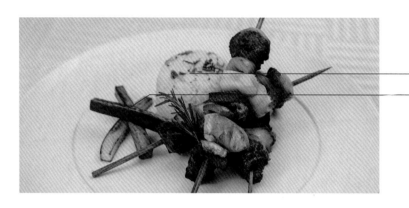

—— 黄油炒米饭
—— 节瓜

操作方法：

　　a 洋葱、红甜椒、青甜椒切块备用。

　　b. 一根竹签依次串上洋葱块、鸡肉、青甜椒、鸡肉、红甜椒；另一根依次串上洋葱块、牛肉、青甜椒、牛肉、红甜椒；第三根依次串上洋葱块、澳带、青甜椒、青口贝、红甜椒，共三串。

　　c. 将三串肉串用色拉油煎制，并同时撒上盐和胡椒煎至成熟。

　　d. 装盆时，三串肉串放于盆中，边上放上配菜和米饭，淋BBQ汁。

操作要点：

制作什锦烧烤串时大小一致，颜色搭配丰富。

问题思考：

海鲜串适合在哪些场合食用？

序号	评价要素
1	主料不少于 150g
2	色泽：汁水深红色、有光泽、肉串表面上色均匀、间有蔬菜色
3	香气：肉香、蔬菜香、汁水香
4	形态：肉串大小均匀、肉串不脱落、拼盘美观、配菜合理
5	口味：咸、鲜、微辣、微酸
6	质感：肉质鲜嫩、不柴、肉中有些许汁水
7	成品安全卫生

* 配菜不能超过主料的 1/3

主料：

鸡肉（10g/块）3 块、牛肉（12g/块）3 块、澳带（10g/个）3 个、青口贝（15g/个）3 个、洋葱100g、红甜椒 140g、青甜椒 140g、大蒜 30g，黄油 20g。

调料：

盐 2g、白胡椒粉 1.5g、BBQ 汁 50mL、色拉油500mL。

配菜：

米饭 20g、黄节瓜 5g、绿节瓜 5g。

工具：

菜板、西餐刀、原料盘、汤匙、夹子、竹签。

器皿：

12 英寸平盘。

建议使用盘式原料：

百里香、荷兰芹末、迷迭香。

问：如何才能取得高分？
答：1. 大小均匀。
　　2. 口感丰富。

模拟试卷
CHAPTER 5

理论知识考试模拟试卷

注意事项

1. 考试时间：90min。

2. 请首先按要求在试卷的标封处填写您的姓名、准考证号和所在单位的名称。

3. 请仔细阅读各种题目的回答要求，在规定的位置填写您的答案。

4. 不要在试卷上乱写乱画，不要在标封填写无关的内容。

	一	二	总分
得分			

得分	
评分人	

一、判断题（第1题～第60题。将判断结果填入括号中。正确的填"√"，错误的填"×"。每题0.5分，满分30分）

1. 西式火腿可分为无骨火腿和带骨火腿两种类型。 （　）

2. 奶油是从牛奶中分离出的酪蛋白和其他成分的混合物。 （　）

3. 布列塔尼沙司的原料是奶油沙司、芹菜、大蒜和白木耳。 （　）

4. 加工牛肚首先要去掉表层的拉膜与肥油。 （　）

5. 牡蛎又称蚝，是生长在海边岩石上的贝类。 （　）

6. 凡能水解成多个单糖分子的糖为多糖。 （　）

7. 制作沸煮菜肴时，煮制过程中一般锅要加盖。 （　）

8. 菜肴定价时，既要考虑顾客的接受能力，又必须保证企业获得最低利润。 （　）

9. 蜗牛肉营养丰富。用蜗牛肉制作的菜肴是德国和俄罗斯的传统名菜。 （　）

10. 遭遇烧伤与烫伤时，皮肤破损的创面要保持清洁，一般不搽药物。 （　）

11. 按人体受伤害程度不同，触电可分为电击和电伤两类。 （　）

12. 牛扒沙司的原料是荷兰沙司和布朗沙司。 （　）

13. stock pot 的中文意思是：汤桶。 （　）

14. 法兰克福香肠是香肠中最小的一种。 （　）

15. 膳食脂肪的供应量可以像蛋白质供应量一样明确。 （　）

16. 鹌鹑蛋是西餐中用途最广泛的原料。 （　）

17.Where is the menu? 译成中文是：菜单在哪里？　　　　　　　　　（　　）

18. 人体直接触电的方式中单相触电方式的危害性最大。　　　　　　（　　）

19. 茶叶中所含的酶类可以缓解酒精和尼古丁的中毒症状。　　　　　（　　）

20. 龙虾是虾类中个体最大的品种。　　　　　　　　　　　　　　　（　　）

21. 蒸类菜肴在蒸制过程中要把容器密封好，不要跑气。　　　　　　（　　）

22. 麦有坚硬的外壳，麦粒多为卵圆形或椭圆形。　　　　　　　　　（　　）

23. 格利羊排是由 6 ～ 7 根肋骨和脊肉构成的。　　　　　　　　　（　　）

24. 现代厨房广泛使用液体燃料。　　　　　　　　　　　　　　　　（　　）

25. 维生素 K 又称凝血维生素。　　　　　　　　　　　　　　　　（　　）

26. 鳜鱼是一种名贵的海水鱼。　　　　　　　　　　　　　　　　　（　　）

27. 制作巴诗沙司应烹入白兰地和红葡萄酒。　　　　　　　　　　　（　　）

28. 鲈鱼类鱼柳在加工时可不去除鱼鳞。　　　　　　　　　　　　　（　　）

29. 人体需要而且能够在体内合成，无须由食物供给的氨基酸，称为必需氨基酸。　　　　　　　　　　　　　　　　　　　　　　　　　　　　（　　）

30. 制作番茄沙司的主料是鲜番茄和番茄酱。　　　　　　　　　　　（　　）

31. 理化鉴定不需要一定的试验场所、设备和专业人员，厨房工作人员操作起来很方便。　　　　　　　　　　　　　　　　　　　　　　　　　（　　）

32. 铁板带骨牛排应配原汁沙司。　　　　　　　　　　　　　　　　（　　）

33. 生锈的锅，必须除锈后方能使用。　　　　　　　　　　　　　　（　　）

34. 销售毛利率法是以消耗成本为基数定义的毛利率计算销售价格的。（　　）

35. 鲟鱼产卵期为每年的六七月。　　　　　　　　　　　　　　　　（　　）

36. 这桌宴会每人的标准是多少？译成英文是：Can you tell me the cost of this course?　　　　　　　　　　　　　　　　　　　　　　　　　（　　）

37. 维持体内酸碱平衡是无机盐的生理功能之一。　　　　　　　　　（　　）

38. 鸡排的初加工首先要在距翅根关节 3 ～ 4cm 处将翅骨整齐断开。（　　）

39. 洋葱具有抗血管硬化和较好的降火功效。　　　　　　　　　　　（　　）

40. 制作炒紫卷心菜丝时最后加入柠檬沙司拌匀即可。　　　　　　　（　　）

41. 葡萄酒是世界上消费量最大的饮料之一。　　　　　　　　　　　（　　）

42. 莳萝烩海鲜的配菜是煮土豆。　　　　　　　　　　　　　　　　（　　）

43. 牛扒是传统菜肴，也是西餐中流传最广泛的菜肴。　　　　　　　（　　）

44. 对人体来说，能量也称"热能"，既供能也产热以维持体温。（   ）

45. 制作厨房饭用的是鸡基础汤。（   ）

46. 厨房压力容器内部有压力时，禁止强行拆卸修理。（   ）

47. 发酵型酸牛奶不适宜于消化不良的病人、老年人和儿童食用。（   ）

48. 杂豆类，主要指蚕豆、芸豆、绿豆、赤豆、豇豆等。（   ）

49. 鲜橙沙司常用于配烤鸭。（   ）

50. 鱼子酱浆汁较少，呈颗粒状。（   ）

51. 制作冷鸭肉卷需要加入的调料是干红葡萄酒。（   ）

52. 银鱼体细长无鳞、白色、无骨刺。（   ）

53. angel cake mould 的中文意思是蛋糕模型。（   ）

54. 机械加工设备安全使用规程要求：向机器里送料时必须按操作规程使用专用的工具，禁止用手直接送料。（   ）

55. 马德拉沙司是用布朗沙司加白兰地煮透即可。（   ）

56. apple corer 的中文意思是面包刀。（   ）

57. 洋葱汤的主料是鸡基础汤 2500mL。（   ）

58. 谷类提供一定量的植物蛋白质，燕麦中的蛋白质含量最多。（   ）

59. 杏利又称煎蛋卷，是西式早餐中蛋类制品之一。（   ）

60. 比目鱼是世界重要经济海产鱼类之一，大多分布在深海。（   ）

得分	
评分人	

二、单项选择题（第 1 题～第 140 题。选择一个正确的答案，将相应的字母填入题内的括号中。每题 0.5 分，满分 70 分）

1. 烟熏火腿口味别致，香味浓郁，皮色呈（   ）。

A. 咖啡色 B. 红棕色 C. 深褐色 D. 深红色

2. 红酒沙司由葱头末炒香，加（   ），倒入布朗沙司调味，煮透即成。

A. 白葡萄酒 B. 红葡萄酒 C. 白兰地 D. 雪利酒

3. 制作拿瑞炸土豆是将土豆球放入（   ）的油锅内炸至金黄色，捞出，沥油，最后淋上熔化的黄油。

A.140℃ B.150℃ C.160℃ D.180℃

4. 牛尾汤的色泽应是（ ）。

A. 乳白色 B. 浅褐色 C. 浅红色 D. 棕黄色

5. 撕比目鱼皮时，撕鱼皮的手指可涂少许（ ）。

A. 糖 B. 面粉 C. 盐 D. 淀粉

6. 谷皮含有纤维素、半纤维素和较多的（ ）。

A. 戊聚糖 B. 脂肪 C. 蛋白质 D. 维生素

7. 制作花旗煮刀豆时将刀豆切成（ ）cm 长的段，倒入煎盘和培根一起炒，再加盐、胡椒粉和鸡基础汤，用旺火煮沸。

A. 3 B. 4 C. 5 D. 6

8. 评定食物营养价值时，应以该食物蛋白质的（ ）为基础。

A. 品种 B. 含量 C. 优劣 D. 结构

9. （ ）的食物来源主要是动物肝脏、未脱脂乳、乳制品以及蛋类。

A. 维生素 A B. 维生素 B C. 维生素 C D. 维生素 D

10. 咸肥膘可以直接（ ），也可以切成薄片，用牙签插在缺少脂肪的动物性原料上，再经过烤或焖，以增加菜肴的香味。

A. 煮食 B. 煎食 C. 蒸食 D. 生食

11. 制作马德拉沙司的原料是马德拉酒（ ）mL，布朗沙司 200mL。

A. 10 B. 15 C. 20 D. 25

12. 色拉米肠其味浓郁，质地硬韧，风味独特，常用于（ ）中。

A. 热菜 B. 冷菜 C. 汤菜 D. 烩菜

13. 传统的冷汤大都用（ ）或凉开水加上各种蔬菜、水果或少量肉类调制而成。

A. 鸡基础汤 B. 鱼基础汤 C. 牛基础汤 D. 清汤

14. 沙丁鱼去骨方法的第一步是用（ ）将沙丁鱼洗净，刮去鱼鳞。

A. 稀盐水 B. 浓盐水 C. 热水 D. 清水

15. 玉米所含营养成分丰富，每 100g 玉米含（ ）4g。

A. 淀粉 B. 脂肪 C. 蛋白质 D. 维生素

16. 在蔬菜中广泛存在维生素，其中以（ ）和胡萝卜素的含量最多。

A. 维生素 A B. B 族维生素 C. 维生素 C D. 维生素 D

17. 食物中缺乏（ ）可导致眩晕、恶心、呕吐和肾结石。

A. 维生素 B_1 B. 维生素 B_2 C. 维生素 B_6 D. 维生素 B_{12}

18. 制作杂香草沙司应烹入（　　）。

A. 白兰地　B. 雪利酒　C. 白葡萄酒　D. 红葡萄酒

19. 取虹鳟鱼内脏时，可在鱼（　　）划一小口，再用手在鱼鳃开口处用力向下将内脏顶出。

A. 胸部　B. 背部　C. 肛门处　D. 尾部

20. 鲑鱼是世界著名的冷水性经济鱼类之一，每年（　　）月为上市季节。

A.1—3　B.4—6　C.6—8　D.9—11

21. 冷红菜头汤的口味是清香，酸、甜、咸、（　　）。

A. 微辛　B. 微苦　C. 微辣　D. 微麻

22. 胡椒沙司由布朗沙司、胡椒碎、炒葱头、蒜末烹入白兰地和（　　）制成。

A. 白葡萄酒　B. 红葡萄酒　C. 雪利酒　D. 杜松子酒

23. 蟹肉出壳的方法之一是去掉腹甲、蟹壳及腮，清除杂物后，将蟹从（　　）切开，然后取出蟹黄和蟹肉。

A. 前面　B. 后面　C. 中间　D. 两边

24. 脂肪水解后生成甘油和（　　）。

A. 脂肪酸　B. 不饱和脂肪酸　C. 饱和脂肪酸　D. 固醇酯

25. 电伤是指电能转换成其他形式的能量，人体与（　　）之间产生电弧而造成的身体外表的创伤。

A. 电源　B. 电器　C. 带电体　D. 电气设备

26. 整鱼出骨的最后一步是分别将两侧鱼肉上残留的（　　）剔下。

A. 鱼皮　B. 脂肪　C. 骨刺　D. 碎肉

27. 现在可以上菜了吗？译成英文是：（　　）。

A.Is it today's menu?　　　　　B.Where is the menu?

C.Can I bring your order now?　D.What's today's special?

28. 谷类的醇溶蛋白、谷蛋白和小麦的麦胶蛋白都属于（　　）。

A. 植物性蛋白质　B. 完全蛋白质　C. 半完全蛋白质　D. 不完全蛋白质

29. 糖加热至（　　）时即可分解并焦化。

A.100～120℃　B.120～140℃　C.140～160℃　D.160～180℃

30. 加工牛尾时须将牛尾根部多余的（　　）剔除。

A. 碎肉　B. 筋膜　C. 脂肪　D. 碎骨

31. 水果冷汤的制作色泽为（　　）。

A. 黄色　B. 橘色　C. 浅黄　D. 杏黄

32. 虹鳟鱼体侧扁，底色淡蓝，有黑斑，体侧有一条（　　）的彩带。

A. 白色　B. 黄色　C. 金色　D. 橘红色

33. 动物脂肪在常温下一般为（　　）。

A. 液态　B. 半液态　C. 固态　D. 液体

34. 体内营养物质过多时，过多的糖、蛋白质等转变成（　　）储存起来。

A. 糖原　B. 葡萄糖　C. 脂肪　D. 氨基酸

35. 西餐中另一种较为普遍的大虾加工方法是剪去须足及头部的砂囊，最后将 5 片虾尾中（　　）的一片拧下，拉出砂肠。

A. 较短　B. 较长　C. 较硬　D. 较软

36. 麦芽糖是由 2 个分子的（　　）缩合失水而成。

A. 乳糖　B. 葡萄糖　C. 果糖　D. 淀粉

37. 牛扒是西餐的主菜，制作的生熟度是按照（　　）的要求而调整的。

A. 厨师　B. 顾客　C. 主管　D. 服务员

38. 银鱼在（　　）季节质量最好。

A. 初春　B. 盛夏　C. 深秋　D. 隆冬

39. 食物中的蛋白质在水中加热至（　　）时会水解成为各种朊、肽、氨基酸及其他含氮小分子化合物。

A.40 ~ 50℃　B.50 ~ 60℃　C.60 ~ 70℃　D.70 ~ 80℃

40. 羊后腿去骨时应用剔刀沿大腿（　　）紧贴大腿骨将肉切开。

A. 上部　B. 中部　C. 下部　D. 后部

41. 鞑靼牛扒除了配上洋葱末、黄瓜末和柠檬瓣，最后浇上白兰地酒以外，还应配上（　　）。

A. 鸡蛋清　B. 全鸡蛋　C. 鸡蛋黄　D. 熟鸡蛋

42. 一份菜肴的成本是20元，其销售价格是39元，那么该菜肴的成本毛利率是：（　　）。

A.92%　B.93%　C.94%　D.95%

43. 焗带皮土豆应分二次操作，第一次应先将土豆放入（　　）烤箱中，将土豆烤至熟透。

A.160 ~ 180℃　B.180 ~ 200℃　C.230℃　D.250℃

44. 安全技术是为了（　　）伤亡事故而采取控制或消除各种危险因素的技术措施。

A. 预防　B. 阻止　C. 防止　D. 小心

45. 鳕鱼在我国以（　　）北部为主要产区，但产量不高。

A. 渤海 B. 黄海 C. 东海 D. 南海

46. 温煮过程中可以加盖保温，但要适当（　　），以使原料不良气味挥发。

A. 加温 B. 降温 C. 打开锅盖 D. 加香料

47. 菜点销售目标不同，定位方法也不一样。常见的有以（　　）为中心、以利润为中心和以竞争为中心的方法。

A. 成本 B. 产品特色 C. 客人 D. 环境

48. 带骨猪排每件重量约在（　　）g 之间。

A.100 ~ 150 B.150 ~ 200 C.200 ~ 250 D.250 ~ 300

49. 制作麦片是把麦片用清水泡软，倒入牛奶，用小火煮 10min，最后加入（　　）、糖、盐，烧沸即可。

A. 奶油 B. 黄油 C. 奶酪 D. 鸡蛋

50.（　　）是人体内最重要的一种单糖。

A. 葡萄糖 B. 果糖 C. 半乳糖 D. 木糖

51. 煮鱼鸡蛋沙司的色泽应是（　　）。

A. 黄绿色 B. 淡黄色 C. 乳白色 D. 浅棕色

52. 鲈鱼肉鲜嫩，呈（　　）状，刺少、味美，可用于煎、炸、烤等多种烹调方法。

A. 栗子 B. 百合 C. 蒜瓣 D. 梳子

53. 西餐的配菜在使用时一般随意性很大，但要求在（　　）上做到统一，在色彩搭配上力求协调。

A. 口味 B. 原料 C. 烹调方法 D. 风格

54. 匈牙利烩牛肉的主料是（　　）。

A. 牛胸肉 B. 牛里脊肉 C. 牛外脊肉 D. 牛腿肉

55. 人们常用（　　）强化谷类食物，以提高其营养价值。

A. 氨基酸 B. 苏氨酸 C. 赖氨酸 D. 蛋氨酸

56. 水煮白汁鱼虾仁沙司的口味是鲜香、（　　）。

A. 微咸辣 B. 微咸酸 C. 微酸甜 D. 微酸辣

57. 铁扒鸡的初加工首先要切除鸡头、鸡颈、鸡爪、（　　）。

A. 鸡翅 B. 鸡腿 C. 鸡胸 D. 鸡尾

58. 我国的（　　）有丰富的鳀鱼资源。

A. 南海、东海 B. 东海、黄海 C. 黄海、渤海 D. 东海、渤海

59. 新鲜肉的刀断面肉质紧密，坚实而（　　），用手指按后能立即复原。

A. 有韧性　B. 有弹性　C. 有黏性　D. 有光泽

60. 挑选（　　）高的原料也是保持原料质量的一个重要依据。

A. 纯度　B. 成熟度　C. 营养成分　D. 加工度

61. 大米霉变往往从（　　）开始。

A. 表皮　B. 胚乳　C. 糊粉层　D. 胚部

62. 金枪鱼一般长约（　　）cm，有的可达 100cm。

A.40　B.50　C.60　D.70

63. 沙丁鱼广泛分布于南北纬（　　）的热带海洋区域中。

A.6°～10°　B.6°～15°　C.6°～20°　D.6°～25°

64.（　　）不是外交沙司的原料。

A. 洋葱　B. 蘑菇　C. 黑木耳　D. 龙虾肉

65. 烩制菜肴可以在灶台上进行，温度要保持在（　　）以上。

A.70℃　B.80℃　C.90℃　D.100℃

66. 新鲜的家禽嘴部（　　）、干燥、无异味。

A. 坚硬　B. 软化　C. 脱落　D. 有光泽

67. 水瓜柳沙司的原料是水瓜柳、（　　）和奶油沙司。

A. 菠萝汁　B. 橘子汁　C. 柠檬汁　D. 柚子汁

68. 石斑鱼是（　　）海水鱼类。

A. 暖水性　B. 温水性　C. 冷水性　D. 冰水性

69. 煮牛胸配蔬菜装盘时应把煮好的蔬菜放在盘子一边，牛胸肉切成片放在中央，浇上少量原汁，再上（　　）即可。

A. 布朗沙司　B. 辣根沙司　C. 番茄沙司　D. 奶油沙司

70. 蒸瓤三文鱼、比目鱼的形态要求是（　　），整齐、不裂。

A. 圆锥形　B. 圆台形　C. 圆柱形　D. 圆筒形

71. 黑鱼子是用（　　）制成，比红鱼子更为名贵。

A. 鲟鱼卵　B. 鲑鱼卵　C. 鳕鱼卵　D. 鳟鱼卵

72. 女性较男性基础代谢低（　　）。

A.2%～3%　B.5%～7%　C.5%～10%　D.10%～12%

73. 胶冻类菜肴是提取动物（　　），把加工成熟的原料制成透明的冻状冷菜。

A. 骨胶 B. 蛋白 C. 胶质 D. 脂肪

74.（   ）生长在温、热带海洋中，是虾类个体最大的品种。

A. 大明虾 B. 北极磷虾 C. 墨吉对虾 D. 龙虾

75. 肉汤中含（   ）的浸出物越多味道越鲜美，刺激胃液分泌的作用也越大。

A. 氮 B. 磷 C. 钾 D. 钠

76. 劳动或运动后不宜马上大量饮水，应休息（   ）以后再饮水。

A.10min B.15min C.20min D.25min

77. 在日常生活中提倡饮食多元化，能充分发挥蛋白质的（   ）作用。

A. 消化 B. 吸收 C. 互补 D. 生理

78. 蒜中辣味的主要成分为（   ）。

A. 辣椒素 B. 蒜酶 C. 蒜氨酸 D. 蒜素

79.1g（   ）在在人体可提供 37.62kJ 热量。

A. 糖 B. 水 C. 脂肪 D. 蛋白质

80.米中含有的水溶性维生素和（   ）均易溶于水,随着搓洗次数增多,浸泡时间长而流失。

A. 蛋白质 B. 脂肪 C. 无机盐 D. 氨基酸

81.某菜肴一份的成本为 20 元，销售价格为 40 元，那么该菜的销售毛利率是（   ）。

A.30% B.40% C.50% D.60%

82.扇贝又称带子，我国也有出产，但质量以（   ）产的为最佳。

A. 新西兰 B. 日本 C. 澳大利亚 D. 泰国

83.虾皮中（   ）含量是肉类食品的 100 倍以上。

A. 钙 B. 磷 C. 钾 D. 碘

84. 成年人每日应摄取钠为（   ）。

A.4 ~ 6g B.4 ~ 7g C.4 ~ 8g D.4 ~ 9g

85. 人体触电的方式多种多样，一般分为（   ）和间接接触触电两种主要方式。

A. 直接接触触电 B. 单相触电 C. 两相触电 D. 跨步电压触电

86. 经过磨细过滤和加热的大豆，其消化率可达（   ）。

A.75% B.80% C.85% D.90%

87.（   ）含有少量的糖类，能量含量较低。

A. 谷类 B. 豆类 C. 畜禽类 D. 蔬菜和水果类

88. 蛋类在营养上具有共性，都是蛋白质和（   ）的良好来源。

A. 维生素 A B.B 族维生素 C. 维生素 C D. 维生素 E

89. 人体缺（　　）表现为肌肉痉挛，心率过快，眩晕倦怠，精神障碍，食欲减退等。

A. 铁 B. 钾 C. 镁 D. 钙

90. 毛利率确定的一般原则是：（　　），毛利率从低。

A. 高标准宴会 B. 名菜名点 C. 风味独特的菜点 D. 一般大众菜点

91. 洋白菜属于浅色蔬菜，其中（　　）的含量较高。

A. 维生素 A B.B 族维生素 C. 维生素 C D. 维生素 D

92. 水的汽化热很大，汗液中每（　　）水蒸发汽化时要吸收 2426J 热量。

A.1g B.1.5g C.2g D.2.5g

93. 焖制菜肴的基础汤用量要适当，使汤汁没过原料的（　　）即好。

A.1/4 或 1/5 B.1/3 或 1/4 C.1/2 或 1/3 D.3/4

94. 不利于铁吸收的物质主要存在于（　　）食物中。

A. 动物性 B. 植物性 C. 豆类 D. 奶类

95. 谷类含有少量脂肪，约占 2%，但质量较好，都是（　　）。

A. 饱和脂肪酸 B. 不饱和脂肪酸 C. 磷脂 D. 脂蛋白

96. 从小麦及小麦面粉的营养价值来看，小麦蛋白质中人体必需的（　　）含量较低。

A. 缬氨酸 B. 亮氨酸 C. 赖氨酸 D. 蛋氨酸

97. 鱼类脂肪大部分是（　　），消化吸收率可达 95%。

A. 脂肪酸 B. 多饱和脂肪酸 C. 饱和脂肪酸 D. 不饱和脂肪酸

98. 奶酪应存放在（　　）左右、相对湿度在 88% ～ 90% 的冰箱中。

A.0℃ B.5℃ C.10℃ D.-5℃

99. 畜禽类碳水化合物主要以（　　）形式储存于肌肉和内脏中。

A. 果糖 B. 糖原 C. 乳糖 D. 葡萄糖

100. 无机盐在人体内仅占人体重的（　　），但却是生物体的必需组成部分。

A.2% ～ 3% B.3% ～ 4% C.4% ～ 5% D.5% ～ 6%

101. 牡蛎即可熟食也可（　　），也可干制或制作罐头。

A. 煎食 B. 生食 C. 烤食 D. 烟熏

102. 啤酒营养丰富，含有人体必需的（　　）氨基酸。

A.5 种 B.6 种 C.7 种 D.8 种

103. 蔬菜中的无机盐和微量元素对维持人体（　　）十分重要。

A. 膳食平衡 B. 热量平衡 C. 酸碱平衡 D. 代谢平衡

104. 他拉根沙司是把他拉根香草放入白葡萄酒中用小火煮软、煮透，再放入（　　）内，调入奶油，煮透即可。

A. 莫内沙司 B. 奶油沙司 C. 香槟沙司 D. 莳萝奶油沙司

105. 稻谷中的（　　）是一种重要的化学成分，而且是含量最高的糖类，一般含量在75%左右，直接向人体提供廉价的能量。

A. 维生素 B. 脂肪 C. 蛋白质 D. 淀粉

106. 人体对维生素 B_{12} 的需要量是所有维生素中最少的一种，每天只需（　　）左右即可。

A. 2μg B. 3μg C. 4μg D. 5μg

107. 鳜鱼冻的色泽为（　　）。

A. 乳白色 B. 乳黄色 C. 淡黄色 D. 浅褐色

108. 餐饮企业制定价格的方法很多，现代餐饮企业以（　　）制定菜点价格为多。

A. 随行就市法 B. 毛利率法 C. 系数定价法 D. 主要成本率法

109. 膳食脂肪消化率的大小与其（　　）密切相关。

A. 种类 B. 数量 C. 熔点 D. 属性

110. 厨房是加工饮食产品的（　　）生产场所，从生产到产品销售的每一个环节都必须自始至终重视和强调安全。

A. 特殊性 B. 关键性 C. 综合性 D. 唯一性

111. 贻贝大多为（　　）原料，可带壳用也可去壳用。

A. 干制 B. 鲜活 C. 腌制 D. 罐头

112. 灌焖牛肉用的基础汤是（　　）。

A. 鸡基础汤 B. 牛基础汤 C. 鱼基础汤 D. 布朗基础汤

113. 巴黎沙司的主料是浓稠（　　）250mL。

A. 布朗沙司 B. 奶油沙司 C. 蛋黄酱 D. 醋沙司

114. 食用菌中的（　　）物质对肿瘤有抑制作用。

A. 多糖类 B. 脂类 C. 固醇类 D. 纤维类

115. 采用（　　）是防止人体接触或过分接近带电体，从而防止触电事故的重要技术措施。

A. 漏电保护器 B. 绝缘材料 C. 防爆电器 D. 低压电器

116. 将淀粉乳加热，淀粉中的糖即溶解成（　　）溶液。

A. 黏稠的 B. 发亮的 C. 浅褐色的 D. 胶状的

117. 奶油容易变质，其制品在常温下超过（　　）就不能再食用。

A.12 h　B.18 h　C.24 h　D.36h

118. 质量好的蔬菜，水分充足，表面新鲜，（　　）有水分渗出。

A. 表面　B. 刀断面　C. 叶面　D. 根部

119. 从事（　　）每日所需热量为 167～188kJ/kg 体重。

A. 轻体力劳动　B. 中等体力劳动　C. 重体力劳动　D. 极重体力劳动

120. 制作布尔多汁用的是（　　）。

A. 杂香草　B. 他拉根香草　C. 迷迭香　D. 香叶

121. 摄入足量的（　　）具有抗生酮的作用。

A. 蛋白质　B. 脂肪　C. 糖　D. 淀粉

122. 制作煎玉米饼是将用甜玉米粒、糖、鸡蛋和面粉和成的面团做成直径（　　）cm、厚 1cm 的圆饼，煎熟即可。

A.4　B.6　C.8　D.10

123. 制作瓤馅鸡蛋的辅料是（　　）10mL。

A. 布朗沙司　B. 马乃司　C. 奶油沙司　D. 千岛沙司

124. 燕麦共分为三种类型，其中以（　　）品质最好。

A. 地中海燕麦　B. 沙地燕麦　C. 普通燕麦　D. 熟制燕麦

125. 燃烧产生的条件是可燃物、（　　）和火源三者同时存在。

A. 空气　B. 可燃物　C. 助燃剂　D. 火源

126. 糯米中米粒宽厚呈（　　）者黏性大。

A. 圆形　B. 椭圆形　C. 细长形　D. 扁圆形

127. 蜗牛品种很多，目前普遍食用的有三种，即法国蜗牛、意大利庭院蜗牛和（　　）褐云玛瑙蜗牛。

A. 欧洲　B. 美洲　C. 非洲　D. 澳洲

128. 把结力片及蛋清放入煮料的原汤中加热，微沸，至汤中的（　　）与蛋白质凝结为一体时，用筛子过滤，即为胶冻汁。

A. 结缔组织　B. 骨胶　C. 胶质　D. 杂质

129. 为了保护机体免受细菌和病毒的伤害，人体血液中有一种叫（　　）的物质，也是由蛋白质构成的，可提高机体抵抗力。

A. 酶　B. 抗体　C. 激素　D. 免疫细胞

130. 干粉灭火器的特点是（　　）、不导电、灭火效果好、储存期长。

A. 毒性高　B. 毒性低　C. 有毒性　D. 无毒性

131. 目前我国生产的黄油其含脂率（　　）左右。

A.60%　B.70%　C.80%　D.90%

132. 请问这道菜的成本是多少？译成英文是：（　　）

A.How much do you pay for each person?

B.Can you tell me the cost of this course?

C.Excuse me.Would you please give me a hand?

D.Is there some sugar in this dish?

133. 奶油蒔萝沙司是奶油沙司内加入蒔萝、（　　）酒搅匀，煮透而成。

A. 香槟　B. 白兰地　C. 白葡萄　D. 红葡萄

134. 用测定（　　）的方法可以检验牛奶是否掺水。

A. 重量　B. 体种　C. 比重　D. 成分

135. "汤杯"译成英文是：（　　）。

A.soup cup　B.bread basked　C.condiment set　D.boiler

136. 蛋壳约占全蛋质量的（　　）。

A.11%　B.16%　C.20%　D.25%

137. （　　）大多是在生产、搬运、储存及使用时造成的外损伤。

A. 陈蛋　B. 裂纹蛋　C. 出汗蛋　D. 热伤蛋

138. 罗伯特沙司常用于（　　）菜肴。

A. 牛肉类　B. 禽类　C. 猪肉类　D. 野味类

139. 烹调原料的使用一般有鲜活、生鲜和调味加工等多种类型，每一种类型的原料都有其本身具有的特点，外界的各种因素只能（　　）原料的品质。

A. 提高　B. 改变　C. 降低　D. 保持

140. 龙虾冻的口味为鲜香、（　　）。

A. 微咸鲜　B. 微酸甜　C. 微咸酸　D. 微鲜辣

理论知识考试模拟试卷答案

一、判断题（第1题~第60题。将判断结果填入括号中。正确的填"√"，错误的填"×"。每题0.5分，满分30分）

1. √	2. ×	3. ×	4. ×	5. √
6. √	7. ×	8. ×	9. ×	10. √
11. √	12. ×	13. √	14. √	15. ×
16. ×	17. √	18. ×	19. ×	20. √
21. √	22. ×	23. ×	24. ×	25. √
26. ×	27. √	28. ×	29. ×	30. √
31. ×	32. ×	33. √	34. ×	35. √
36. ×	37. √	38. ×	39. ×	40. ×
41. √	42. ×	43. √	44. √	45. √
46. √	47. ×	48. √	49. √	50. ×
51. ×	52. √	53. √	54. √	55. ×
56. ×	57. ×	58. √	59. √	60. √

二、单项选择题（第1题~第140题。选择一个正确的答案，将相应的字母填入题内的括号中。每题0.5分，满分70分）

1. B	2. B	3. B	4. C	5. C
6. A	7. B	8. B	9. A	10. B
11. C	12. B	13. D	14. A	15. C
16. C	17. C	18. D	19. C	20. D
21. C	22. B	23. C	24. A	25. C
26. C	27. C	28. C	29. D	30. C
31. C	32. D	33. C	34. C	35. A
36. B	37. B	38. D	39. C	40. A
41. C	42. D	43. A	44. A	45. B
46. C	47. A	48. B	49. B	50. A
51. C	52. C	53. D	54. D	55. B
56. B	57. D	58. B	59. B	60. A
61. D	62. B	63. C	64. A	65. C
66. D	67. C	68. A	69. B	70. C
71. A	72. C	73. C	74. D	75. A

76. C	77. C	78. D	79. C	80. C
81. C	82. B	83. A	84. D	85. A
86. C	87. D	88. B	89. C	90. D
91. C	92. A	93. C	94. B	95. B
96. C	97. D	98. B	99. B	100. C
101. B	102. D	103. C	104. B	105. D
106. B	107. B	108. B	109. C	110. C
111. B	112. D	113. A	114. A	115. B
116. B	117. C	118. B	119. A	120. B
121. C	122. C	123. B	124. C	125. C
126. A	127. C	128. D	129. B	130. D
131. C	132. B	133. C	134. C	135. A
136. A	137. B	138. C	139. C	140. C

操作技能考核模拟试卷

注意事项

1. 考生根据操作技能考核通知单中所列的试题做好考核准备。

2. 请考生仔细阅读试题单中具体考核内容和要求，并按要求完成操作或进行笔答或口答，若有笔答考生在答题卷上完成。

3. 操作技能考核时要遵守考场纪律，服从考场管理人员指挥，以保证考核安全顺利进行。

注：操作技能鉴定试题评分及答案是考评员对考生考核过程及考核结果的评分记录表，也是评分依据。

国家职业资格鉴定

西式烹调师（四级）操作技能考核通知单

姓名：

准考证号：

考核日期：

试题 1

试题代码：1.1.1。

试题名称：鲈鱼出骨。

考核时间：10 min。

配分：10 分。

试题 2

试题代码：1.2.1。

试题名称：鸡肉卷加工。

考核时间：10 min。

配分：10 分。

试题 3

试题代码：2.1.1。

试题名称：制作千岛汁。

考核时间：15 min。

配分：5 分。

试题 4

试题代码：2.2.1。

试题名称：煎小明虾色拉。

考核时间：30 min。

配分：15 分。

试题 5

试题代码：3.1.1。

试题名称：制作冻酸奶汤。

考核时间：40 min。

配分：15 分。

试题 6

试题代码：4.1.1。

试题名称：制作奶油虾汁。

考核时间：15 min。

配分：5 分。

试题 7

试题代码：4.2.1（1）。

试题名称：制作烟肉奶油炒意粉。

考核时间：35min。

配分：20 分。

试题 8

试题代码：4.2.1（2）。

试题名称：制作德国牛肉卷。

考核时间：35 min。

配分：20 分。

西式烹调师（四级）操作技能鉴定
试题单

试题代码：1.1.1。

试题名称：鲈鱼出骨。

考核时间：10 min。

1. 操作条件

（1）500g左右新鲜鲈鱼1条（自备）。

（2）刀工操作料理台等相关刀工设备与工具（刀具自备）。

（3）盛器。

2. 操作内容

鲈鱼出骨。

3. 操作要求

（1）原料选用：选用500g左右新鲜鲈鱼为原料，不能带成品或半成品入场，否则即为不合格。

（2）成品要求：鲈鱼出骨后装盆（2片鱼柳、2片鱼皮、一具骨架）；鱼柳完整不带刺、鱼骨上不粘肉，鱼皮完整不破；成品干净卫生。

（3）操作过程：规范、姿势正确、卫生、安全。

西式烹调师（四级）操作技能鉴定

试题评分表

试题代码及名称			1.1.1 鲈鱼出骨			考核时间（min）				10
序号	评价要素	配分	等级	评分细则	评定等级 A	B	C	D	E	得分
1	原料与操作过程： （1）选用新鲜鲈鱼为原料 （2）原料 500g 左右 （3）操作程序规范、姿势正确、动作熟练 （4）卫生、安全	2	A	符合全部要求						
			B	符合 3 项要求						
			C	符合 2 项要求						
			D	符合 1 项要求						
			E	差或未答题						
2	刀工成形： （1）成形规格：2 片鱼柳、2 片鱼皮、一具骨架（不符合要求者最高得分为 D） （2）鱼柳完整不带刺 （3）鱼骨上不粘肉 （4）鱼皮完整不破 （5）成品干净卫生	8	A	符合全部要求						
			B	符合 4 项要求						
			C	符合 3 项要求						
			D	符合 1～2 项要求						
			E	差或未答题						
合计配分		10		合计得分						
备注			否决项：不能带成品或半成品入场，否则即为 E							

考评员（签名）：

等级	A（优）	B（良）	C（及格）	D（较差）	E（差或未答题）
比值	1.0	0.8	0.6	0.2	0

"评价要素"得分 = 配分 × 等级比值。

西式烹调师（四级）操作技能鉴定
试题单

试题代码：1.2.1。

试题名称：鸡肉卷加工。

考核时间：10 min。

1. 操作条件

（1）选用整鸡腿 2 只（自备）。

（2）刀工操作料理台等相关刀工设备与工具（刀具自备）。

（3）盛器。

2. 操作内容

鸡肉卷加工。

3. 操作要求

（1）原料选用：选用整鸡腿 2 只为原料，不能带成品或半成品入场，否则即为不合格。

（2）成品要求：鸡腿腿骨完整；鸡腿骨上不带肉；鸡肉卷成卷用绳子固定；成品干净卫生。

（3）操作过程：规范、姿势正确、卫生、安全。

西式烹调师（四级）操作技能鉴定

试题评分表

试题代码及名称				1.2.1 鸡肉卷加工	考核时间（min）					10
序号	评价要素	配分	等级	评分细则	评定等级					得分
					A	B	C	D	E	
1	原料与操作过程： （1）选用整鸡腿 （2）原料2只 （3）操作程序规范、姿势正确、动作熟练 （4）卫生、安全	2	A	符合全部要求						
			B	符合3项要求						
			C	符合2项要求						
			D	符合1项要求						
			E	差或未答题						
2	刀工成形： （1）鸡腿腿骨完整 （2）鸡腿骨上不带肉 （3）鸡肉卷成卷用绳子固定 （4）成品干净卫生	8	A	符合全部要求						
			B	符合3项要求						
			C	符合2项要求						
			D	符合1项要求						
			E	差或未答题						
合计配分		10		合计得分						
备注				否决项：不能带成品或半成品入场，否则即为E						

考评员（签名）：

等级	A（优）	B（良）	C（及格）	D（较差）	E（差或未答题）
比值	1.0	0.8	0.6	0.2	0

"评价要素"得分＝配分×等级比值。

西式烹调师（四级）操作技能鉴定

试题单

试题代码：2.1.1。

试题名称：制作千岛汁。

考核时间：15 min。

1．操作条件

（1）原料（主料、辅料、特殊调料）自备。

（2）西式烹调操作室与相关设施设备及工具（刀具自备）。

（3）盛器（特殊盛器自备）。

2．操作内容

制作千岛汁。

3．操作要求

（1）成品要求：千岛汁成品 70g 左右；呈粉红色、间有混合蔬菜香料色；富有奶香，味咸、微酸、微甜；沙司呈半流体、浓稠、光亮；成品干净卫生。

（2）操作过程：规范、卫生、安全。不能带成品或半成品入场，否则即为不合格。

西式烹调师（四级）操作技能鉴定

试题评分表

试题代码及名称				2.1.1 制作千岛汁		考核时间（min）				15
序号	评价要素	配分	等级	评分细则	评定等级 A	B	C	D	E	得分
1	操作过程： （1）规范 （2）卫生 （3）安全 （4）动作熟练	1	A	符合全部要求						
			B	符合 3 项要求						
			C	符合 2 项要求						
			D	符合 1 项要求						
			E	差或未答题						
2	成品： （1）成品 70g（不足 60g 最高得分为 D） （2）沙司呈淡黄色 （3）富有蛋香味，口味微酸、微咸、微甜 （4）色泽光亮，沙司浓稠均匀不渗油 （5）成品安全卫生	4	A	符合全部要求						
			B	符合 4 项要求						
			C	符合 3 项要求						
			D	符合 1~2 项要求						
			E	差或未答题						
合计配分		5		合计得分						
备注		否决项： 1. 不能带成品或半成品入场，否则即为 E 2. 如考生自备原料变质，不能食用，最高为 D								

考评员（签名）：

等级	A（优）	B（良）	C（及格）	D（较差）	E（差或未答题）
比值	1.0	0.8	0.6	0.2	0

"评价要素"得分 = 配分 × 等级比值。

西式烹调师（四级）操作技能鉴定
试题单

试题代码：2.2.1。

试题名称：煎小明虾色拉。

考核时间：30 min。

1. 操作条件

（1）原料（主料、辅料、特殊调料）自备。

（2）西式烹调操作室与相关设施设备及工具（刀具自备）。

（3）盛器（特殊盛器自备）。

2. 操作内容

制作煎小明虾色拉 1 份。

3. 操作要求

（1）操作过程：规范、卫生、安全。不能带成品或半成品入场，否则即为不合格。

（2）成品要求

1）色泽：明虾熟后呈自然本色，表面带金黄色。

2）香气：明虾香、酒香、汁水香。

3）口味：鲜、咸、微酸、外脆里嫩。

4）形态：用小明虾 3 只，明虾尾朝上美观、装盘有层次、配菜精细美观。

5）成品安全卫生。

西式烹调师（四级）操作技能鉴定

试题评分表

试题代码及名称			2.2.1 煎小明虾色拉		考核时间（min）				30
序号	评价要素	配分	等级	评分细则	评定等级				得分
					A	B	C	D	E
1	色泽与香气： （1）明虾熟后呈自然本色 （2）表面带金黄色 （3）明虾香 （4）酒香、汁水香	4	A	符合全部要求					
			B	符合3项要求					
			C	符合2项要求					
			D	符合1项要求					
			E	差或未答题					
2	口味与质感： （1）口味鲜、咸适口 （2）微酸 （3）外脆里嫩 （4）爽口	5	A	符合全部要求					
			B	符合3项要求					
			C	符合2项要求					
			D	符合1项要求					
			E	差或未答题					
3	形态： （1）用小明虾3只 （2）明虾尾朝上美观 （3）装盘有层次 （4）配菜精细美观 （5）成品安全卫生	4	A	符合全部要求					
			B	符合3项要求					
			C	符合2项要求					
			D	符合1项要求					
			E	差或未答题					
4	现场操作过程： （1）规范 （2）熟练 （3）卫生 （4）安全	2	A	符合全部要求					
			B	符合3项要求					
			C	符合2项要求					
			D	符合1项要求					
			E	差或未答题					
合计配分		15		合计得分					

（续表）

备注	否决项： 1. 不能带成品或半成品入场，否则即为 E 2. 如考生自备原料变质，不能食用，最高为 D

考评员（签名）：

等级	A（优）	B（良）	C（及格）	D（较差）	E（差或未答题）
比值	1.0	0.8	0.6	0.2	0

"评价要素"得分＝配分 × 等级比值。

西式烹调师（四级）操作技能鉴定
试题单

试题代码：3.1.1。

试题名称：制作冻酸奶汤。

考核时间：40min。

1．操作条件

（1）原料（主料、辅料、特殊调料）（酸奶用原味）自备。

（2）西式烹调操作室与相关设施设备及工具（刀具自备）。

（3）盛器（特殊盛器自备）。

2．操作内容

制作冻酸奶汤1份。

3．操作要求

（1）操作过程：规范、卫生、安全。不能带成品或半成品入场，否则即为不合格。

（2）成品要求

1）色泽：酸奶本色、间有黄瓜色和核桃色。

2）香气：奶香、黄瓜香、酒香。

3）口味：咸、微酸、微甜。

4）形态：半流体、菜汤均匀、装盘八分满。

5）质感：菜脆爽（黄瓜需腌渍）、汤滑爽、有稠度。

6）成品安全卫生。

西式烹调师（四级）操作技能鉴定

试题评分表

试题代码及名称		3.1.1 制作冻酸奶汤				考核时间（min）					40
序号	评价要素		配分	等级	评分细则	评定等级					得分
						A	B	C	D	E	
1	色泽与香气： （1）酸奶本色 （2）间有黄瓜色、核桃色 （3）奶香（酸奶原味） （4）黄瓜香、酒香		5	A	符合全部要求						
				B	符合 3 项要求						
				C	符合 2 项要求						
				D	符合 1 项要求						
				E	差或未答题						
2	口味与质感： （1）咸味适口 （2）微酸、微甜 （3）菜脆爽（黄瓜需腌渍） （4）汤滑爽、有稠度 （5）成品安全卫生		5	A	符合全部要求						
				B	符合 4 项要求						
				C	符合 3 项要求						
				D	符合 1～2 项要求						
				E	差或未答题						
3	形态： （1）半流体 （2）菜汤均匀 （3）装盘八分满 （4）成品安全卫生		3	A	符合全部要求						
				B	符合 3 项要求						
				C	符合 2 项要求						
				D	符合 1 项要求						
				E	差或未答题						
4	现场操作过程： （1）规范 （2）熟练 （3）卫生 （4）安全		2	A	符合全部要求						
				B	符合 3 项要求						
				C	符合 2 项要求						
				D	符合 1 项要求						
				E	差或未答题						

（续表）

合计配分	15	合计得分	
备注	否决项： 1. 不能带成品或半成品入场，否则即为 E 2. 如考生自备原料变质，不能食用，最高为 D		

考评员（签名）：

等级	A（优）	B（良）	C（及格）	D（较差）	E（差或未答题）
比值	1.0	0.8	0.6	0.2	0

"评价要素" 得分＝配分 × 等级比值。

西式烹调师（四级）操作技能鉴定

试题单

试题代码：4.1.1。

试题名称：制作奶油虾汁。

考核时间：15 min。

1. 操作条件

（1）原料（主料、辅料、特殊调料）自备。

（2）西式烹调操作室与相关设施设备及工具（刀具自备）。

（3）盛器（特殊盛器自备）。

2. 操作内容

制作奶油虾汁。

3. 操作要求

（1）操作过程：规范、卫生、安全。可带浓缩好的虾汤入场，其他成品或半成品不能带入场，否则即为不合格。

（2）成品要求

1）色泽与形态：浅红色、流体、有光泽。

2）香气：虾香、奶香、酒香。

3）口味与质感：鲜、微咸、沙司细腻、入口滑爽。

4）成品安全卫生。

西式烹调师（四级）操作技能鉴定

试题评分表

试题名称编号			4.1.1 制作奶油虾汁			考核时间（min）				15
序号	评价要素		配分	等级	评分细则	评定等级				得分
						A	B	C	D	E	
1	操作过程： （1）规范 （2）卫生 （3）安全 （4）动作熟练		1	A	符合全部要求						
				B	符合3项要求						
				C	符合2项要求						
				D	符合1项要求						
				E	差或未答题						
2	成品： （1）成品70g（不足60g最高得分为D） （2）色与形：呈浅红色、流体、有光泽 （3）香气：虾香、奶香、酒香 （4）口感：鲜、微咸、沙司细腻、入口滑爽 （5）成品安全卫生		4	A	符合全部要求						
				B	符合4项要求						
				C	符合3项要求						
				D	符合1~2项要求						
				E	差或未答题						
合计配分			5		合计得分						
备注			否决项： 1. 可带浓缩好的虾汤入场，其他成品或半成品不能带入场，否则即为E 2. 如考生自备原料变质，不能食用，最高为D								

考评员（签名）：

等级	A（优）	B（良）	C（及格）	D（较差）	E（差或未答题）
比值	1.0	0.8	0.6	0.2	0

"评价要素"得分 = 配分 × 等级比值。

西式烹调师（四级）操作技能鉴定
试题单

试题代码：4.2.1（1）。

试题名称：制作烟肉奶油炒意粉。

考核时间：35 min。

1. 操作条件

（1）原料（主料、辅料、特殊调料）自备。

（2）西式烹调操作室与相关设施设备及工具（刀具自备）。

（3）盛器（特殊盛器自备）。

2. 操作内容

制作烟肉奶油炒意粉 1 份。

3. 操作要求

（1）操作过程：规范、卫生、安全。不能带成品或半成品入场，否则即为不合格。

（2）成品要求

1）色泽：汁水乳白、间意面本色、烟肉炒后呈自然色。

2）香气：奶香、烟肉香、酒香。

3）口味：咸、鲜适口。

4）形态：汁水与意面自然融合、装盘八分满、成堆状。

5）质感：滑爽、有弹性、不腻。

6）成品安全卫生。

7）蛋黄如起花为不合格。

西式烹调师（四级）操作技能鉴定

试题评分表

试题代码及名称		4.2.1（1）制作烟肉奶油炒意粉				考核时间（min）					35
序号	评价要素		配分	等级	评分细则	评定等级					得分
						A	B	C	D	E	
1	色泽与香气： （1）汁水乳白、间有意面本色 （2）烟肉炒后呈自然色 （3）奶香 （4）烟肉香、酒香		6	A	符合全部要求						
				B	符合3项要求						
				C	符合2项要求						
				D	符合1项要求						
				E	差或未答题						
2	口味与质感： （1）口味咸、鲜适口 （2）烟肉特有鲜香味 （3）滑爽 （4）有弹性 （5）不腻		7	A	符合全部要求						
				B	符合4项要求						
				C	符合3项要求						
				D	符合1~2项要求						
				E	差或未答题						
3	形态： （1）汁水与意面自然融合 （2）装盘八分满 （3）成堆状 （4）成品安全卫生		5	A	符合全部要求						
				B	符合3项要求						
				C	符合2项要求						
				D	符合1项要求						
				E	差或未答题						
4	现场操作过程： （1）规范 （2）熟练 （3）卫生 （4）安全		2	A	符合全部要求						
				B	符合3项要求						
				C	符合2项要求						
				D	符合1项要求						
				E	差或未答题						
合计配分			20		合计得分						

（续表）

备注	否决项： 1. 不能带成品或半成品入场，否则即为 E 2. 蛋黄如起花为 D 3. 如考生自备原料变质，不能食用，最高为 D

考评员（签名）：

等级	A（优）	B（良）	C（及格）	D（较差）	E（差或未答题）
比值	1.0	0.8	0.6	0.2	0

"评价要素"得分＝配分 × 等级比值。

西式烹调师（四级）操作技能鉴定
试题单

试题代码：4.2.1（2）。

试题名称：制作德国牛肉卷。

考核时间：35 min。

1. 操作条件

（1）原料（主料、辅料、特殊调料）自备。

（2）西式烹调操作室与相关设施设备及工具（刀具自备）。

（3）盛器（特殊盛器自备）。

2. 操作内容

制作德国牛肉卷 1 份。

3. 操作要求

（1）操作过程：规范、卫生、安全。不能带成品或半成品入场，否则即为不合格。

（2）成品要求

1）色泽：牛肉表面为深褐色、汁水呈浅褐色、表面光泽、配菜呈新鲜自然色。

2）香气：牛肉香、酒香、汁水香。

3）口味：咸、鲜、微酸。

4）形态：呈筒状、长 8cm、直径为 2.8cm，装盘美观、牛肉厚薄均匀、搭配蔬菜合理。

5）质感：肉质鲜嫩、有弹性、入口爽口，牛肉卷里必须有酸黄瓜、烟肉、洋葱、法国芥末。

6）成品安全卫生。

西式烹调师（四级）操作技能鉴定

试题评分表

| 试题代码及名称 | 4.2.1（2）制作德国牛肉卷 | | | 考核时间（min） | | | 35 |

序号	评价要素	配分	等级	评分细则	评定等级					得分
					A	B	C	D	E	
1	色泽与香气： （1）牛肉表面为深褐色 （2）汁水呈浅褐色、表面光泽 （3）配菜呈新鲜自然色 （4）牛肉香 （5）酒香、汁水香	6	A	符合全部要求						
			B	符合4项要求						
			C	符合3项要求						
			D	符合1~2项要求						
			E	差或未答题						
2	口味与质感： （1）口味咸、鲜适口、 （2）微酸 （3）肉质鲜嫩、有弹性 （4）入口爽口 （5）牛肉卷里必须有酸黄瓜、烟肉、洋葱、法国芥末	7	A	符合全部要求						
			B	符合4项要求						
			C	符合3项要求						
			D	符合1~2项要求						
			E	差或未答题						
3	形态： （1）呈筒状，长8cm、直径为2.8cm （2）主料不少于150g （3）装盘美观 （4）牛肉厚薄均匀、搭配蔬菜合理 （5）成品安全卫生	5	A	符合全部要求						
			B	符合4项要求						
			C	符合3项要求						
			D	符合1~2项要求						
			E	差或未答题						
4	现场操作过程： （1）规范 （2）熟练 （3）卫生 （4）安全	2	A	符合全部要求						
			B	符合3项要求						
			C	符合2项要求						
			D	符合1项要求						
			E	差或未答题						

（续表）

合计配分	20	合计得分	
备注	否决项： 1. 不能带成品或半成品入场，否则即为E 2. 如考生自备原料变质，不能食用，最高为D		

考评员（签名）：

等级	A（优）	B（良）	C（及格）	D（较差）	E（差或未答题）
比值	1.0	0.8	0.6	0.2	0

"评价要素"得分＝配分 × 等级比值。

参考文献

1 喻成清 . 西式盘头精选 . 合肥 : 安徽人民出版社，2007

2 法国蓝带厨艺学院编 . 法式西餐烹饪基础 . 卢大川译 . 北京 : 中国轻工出版社 ,2009

3 上海市食品生产经营人员食品安全培训推荐教材编委会组织编写 . 食品安全就在你的手中③ . 上海 : 上海科学技术出版社，2008

4 赖声强 . 西餐教室——牛肉篇 . 上海 : 上海科技教育出版社，2012

5 王天佑，侯根全 . 西餐概论 . 北京 : 旅游教育出版社，2000

6 陆理民 . 西餐烹调技术 . 北京 : 旅游教育出版社，2004

7 刘国芸 . 食品营养和卫生 . 北京 : 中国商业出版社 ,1995

8 全权主编 . 西式烹调师（五、四级）. 上海 : 百家出版社，2007

9 韦恩·吉斯伦 . 专业烹饪（第四版）. 大连 : 大连理工大学出版社，2005

附录

大师榜

（按姓氏笔画排列）

赖声强　主编

上海光大国际大酒店行政副总厨
国家级高级技师
国家职业技能鉴定考评员
烹饪大师
上海旅游高等专科学校客座副
教授

王芳

上海第二轻工业学校烹饪教学部主任
西餐学科带头人
中国名厨
国家级高级技师

李小华

上海帮帮食品执行董事
中国名厨
曾受美国麦克亨尼公司邀请赴美
国洛杉矶、法国蒙彼利埃进修
上海旅游高等专科学校客座副
教授

史政

苏州凯悦酒店行政总厨
烹饪大师
国家级高级技师
上海市职业技能西式烹调师考评员
法国厨皇会金牌会员

陆勤松

上海虹桥迎宾馆西餐总厨
国家级高级技师
新中国 60 年上海餐饮业西餐
技术精英
烹饪大师

朱一帆

世界厨师联合会
青年厨师发展委员会委员
中国烹饪大师

陈刚

麦德龙培训厨房总经理
中国烹饪大师
国家职业技能鉴定考评员
国家级高级技师

朱颖海

上海东郊宾馆西餐总厨
国家级技师
厨艺学院进修
第四届 FHC 国际烹饪大赛银牌获
得者

陈铭荣

上海虹桥美爵大酒店行政总厨
中国烹饪大师
上海名厨
曾获 FHC 烹饪大奖赛金奖

周亮

上海圣诺亚皇冠假日酒店行政总厨
中国烹饪大师
国家职业技能鉴定考评员
国家级高级技师

顾伟强

中国烹饪大师
国家级高级技师
烹饪职教专家

宓君巍

味好美（中国）高级厨艺顾问
国家级高级技师、高级公关营养师
第四届全国厨艺创新大赛金奖获得
者
曾赴南非、加拿大、英国等国家和
地区工作、学习

钱一雄

上海外滩 18 号厨师长
国家级高级技师
中国烹饪大师
上海市烹饪开放实训中心教师
上海名厨
曾赴美国 CIA 烹饪学院进修

侯越峰

国家级技师
中国名厨
上海商贸旅游学校西餐烹饪教师
曾担任上海老时光酒店行政副总厨
曾在意大利 ICIF 烹饪学校进修

钱继龙

上海东锦江索菲特大酒店行政
副总厨 / 法式餐厅厨师长
国家级技师
烹饪大师

侯德成

北京市骨干教师，高级教师
西餐烹饪高级技师
北京市商业学校商旅系副主任
兼国际酒店专业主任

凌云

上海裴茜尔餐饮总监
国家级高级技师
中国名厨
国家职业技能鉴定考评员
新中国 60 年上海餐饮业
西餐技术精英

王龙

西式烹调高级技师
中国烹饪大师
米氏西餐厅副总厨

潘熠林

上海银锐餐饮管理有限公司（茂
盛山房）行政总厨
中国名厨
烹饪大师
国际级技师
曾赴法国、瑞士、中国香港学习
进修

支持单位

李锦记（中国）销售有限公司
上海味好美食品有限公司
上海市第二轻工业学校
上海市商贸旅游学校
中华职业学校
上海浦东国际培训中心
上海旅游人才交流中心
上海裴茜尔文化传播有限公司
上海聚广文化传播有限公司
北京市工贸技师学院服务管理分院

主编微信公众账号